항공인을 위

항공전자실습

| 강신구 · 이정헌 · 조은태 지음 |

www.cyber.co.kr

■ 도서 A/S 안내

항공산업이 고도로 발전함에 따라 전자 및 전기 관련 기술도 대학, 학계 및 대부분의 산업현장에서 급속도로 발전하고 있다. 이와 함께 근래의 항공기는 대형화, 디지털화, 자동화 등을 추구하고 있고 그 영역 또한 넓어지고 다양해지고 있다.

항공전자는 항공기의 작동과 관련하여 전체 시스템에 장착되는 주요 부품 등을 제어하는 분야이다. 이 책은 항공, 전기, 전자 분야의 기본원리를 설명하기 위한 수학적인 전개과정을 가급적 줄였다. 전기의 기본단위인 전류, 자기 현상의 주요 소자, 계측 등의 기본 지식을 이해함과 동시에 항공기에서 실제로 사용되고 있는 회로의 주요 부품과 관련한 지식을 습득하도록 하였다. 아울러 회로를 이해하고, 설계, 제작 및 작동원리를 쉽게 이해할 수 있도록 내용을 구성하였다.

독자의 입장에서 가급적 쉽게 설명하고자 노력하였으나 뜻하지 않은 오류가 있으리라 여겨진다. 앞으로 내용 보강은 물론, 더 나은 교재가 되도록 노력해 나갈 것이다. 아무쪼록 항공 분야에 종사하기를 희망하는 학생들에게 유익한 지침서가 되기를 바란다.

끝으로 책의 출간에 협조해 주신 성안당 관계자 여러분께 감사드린다.

저자 씀

Contents | 차례

PART

01

—

전기 전자 개요

1.1 물질의 구조

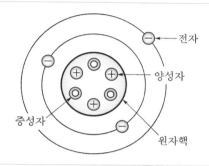

그림 1.1 원자의 구조

　모든 물질은 분자로 구성되어 있고, 분자는 원자(atom)의 집합으로 이루어져 있고, 원자는 그림 1.1과 같이 양(+) 전기를 가진 원자핵과 그 주위를 회전하는 음(−) 전기를 가진 전자 (electron)로 구성되어 있다. 그림 1.2는 원소번호가 1번인 수소(H)와 2번인 헬륨(He)원자의 전기적인 구성을 보여준다.

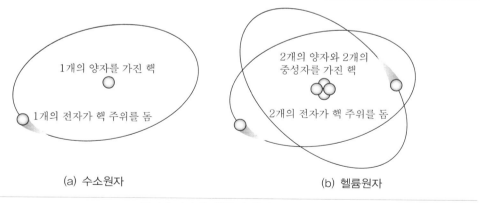

(a) 수소원자　　　　　　　　　(b) 헬륨원자

그림 1.2 수소와 헬륨의 원자 구조

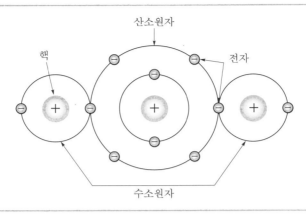

그림 1.3 물 분자의 구성

물질은 분자(molecule)로 구성되어 있고, 그 분자는 원소(element)의 결합체로 이루어져 있다. 두 가지 또는 그 이상 원소의 화학결합으로 이루어진 것을 혼합물(compound)이라고 한다. 물은 가장 일반적인 혼합물 중 하나이고, 2개의 수소원자와 1개의 산소원자로 구성된다. 그림 1.3은 물 분자의 구성을 보여준다.

1.2 전자각과 가전자

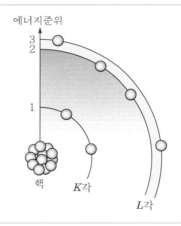

그림 1.4 원자의 전자각 및 가전자

전자는 지구가 태양 주위를 공전하는 것과 같이 원자핵을 중심으로 몇 개의 정해진 궤도 위에서 자전하면서 돌고 있다. 이러한 궤도를 전자각(electron shell)이라고 하고, 가장 안쪽을 K각이라 부르고, 이후부터는 알파벳 순서대로 이름이 정해진다. K각에는 전자가 2개, L각은

8개, M각은 18개 순으로 각 전자각에는 전자가 들어갈 수 있는 수가 정해져 있다. 이렇게 원자핵의 주위를 돌고 있는 전자 중에서 가장 외곽의 궤도를 돌고 있는 전자를 가장 바깥쪽에 있다고 하여 최외각전자(peripheral electron) 또는 가전자라고 한다.

최외각전자는 원자핵에서 가장 멀리 떨어져 있기 때문에 원자핵의 구속력이 가장 약하고, 이런 전자의 경우 외부에서 에너지(energy)를 얻었을 때 자유롭게 외부로 나갈 수 있다고 하여 자유전자(free electron)라고 한다.

1.3 대전 현상

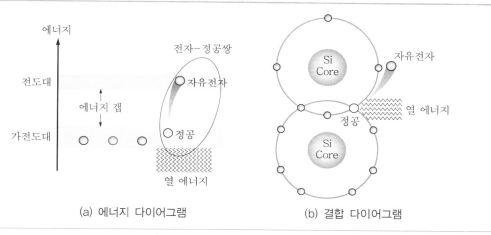

그림 1.5 열 에너지에 의한 대전 현상

어떤 중성(전기적 중성)인 물질이 외부로부터 에너지를 받으면 전기가 발생하는데 이를 대전 현상이라고 하며, 이러한 대전 현상을 발생시키기 위한 에너지로는 마찰, 압력, 열, 빛, 화학작용, 자기작용 등이 있다.

1.4 도체, 반도체, 절연체

각 물질은 전기를 만들어 내기 위해서는(대전 현상) 외부 에너지를 필요로 하는데 이를 분류하면 전기적 특성에 따라 도체, 반도체, 절연체 등으로 분류할 수 있다.

그림 1.6에서와 같이 도체는 외부의 에너지가 없어도 자유전자의 이동이 가능한 물질이며, 절연체는 자유전자를 이동시키기 위해 많은 양의 에너지가 필요한 물질이다.

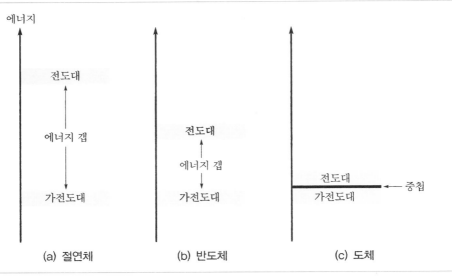

그림 1.6 에너지 갭에 따른 물질의 분류

1.5 전하와 전하량

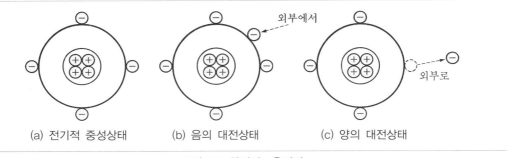

그림 1.7 양전기 · 음전기

대전체가 띠고 있는 전기를 전하(electric charge) 또는 이온(ion)이라고 하며, 그 양을 전기량 또는 전하량이라고 한다. 기호는 Q, 단위는 쿨롱(coulomb)으로 [C]로 표시하며, 자유 전자 1개의 전하량은 $(-)1.6 \times 10^{-19}$[C]이다. 따라서 1[C]은 6.25×10^{18}개의 전자가 갖는 전하량에 해당한다.

에너지와 전하량 역시 새로이 생성되거나 소멸되는 것이 아니고, 물체들 간에 서로 **이동하는** 것이고 물체가 가지고 있는 전하량의 합은 항상 일정하게 보존되는데, 이것을 **전하량 보존의 법칙**이라고 한다.

CHAPTER

02 / 전기의 3요소

2.1 전압, 전위차, 기전력

$$V = \frac{W\,[\text{J}]}{Q\,[\text{C}]}\,[\text{V}]$$

전압(voltage)은 전기적인 압력을 의미하는 것으로 전기적인 에너지의 위치 차이, 줄여서 전위차(potential difference)라고도 부른다. 즉, 전기적인 기준점을 기준으로 얼마만큼 높은 전기적인 에너지를 가지는가를 나타내는 것이 전압이다.

전압의 기호로는 V를 사용하고, 단위는 V(볼티지, voltage)를 사용한다. 특히 전압 중에서 전원으로 사용할 수 있는 전압을

기전력(electric potential difference)이라고 부른다. 이는 건전지와 같이 전류를 연속적으로 만들어주는 힘이다. 기전력의 경우는 에너지(energy)의 개념이라서 기호로 E를 사용하고, 기전력도 전압의 개념에 속하므로 단위는 전압과 동일한 V를 사용한다. 전압은 한 점에서 다른 점으로 단위 (+)전하를 옮기는 데 필요한 일과 같기 때문에 단위로 [J/C]을 사용하기도 한다.

2.2 전류

$$I = \frac{Q\,[\text{C}]}{t\,[\text{sec}]}\,[\text{A}]$$

전류(current)의 정의는 단위 시간당 흐르는 전하량이다. 전하량(quantity of electric charge)은 말 그대로 전하의 양을 의미하는 것으로 전기의 양을 측정하는 기본 단위이다.

전류의 흐름은 좀 더 정확하게 말하자면 도체 내에 있는 자유전자의 흐름이다. 구리, 은, 알루미늄, 금 등 일반적인 금속들이 도체에 해당한다. 전류로 측정되는 것은 일정한 시간에 도체를 통과하는 전자의 수라고 말할 수 있다. 질량을 가진 모든 물체가 그렇듯, 전자의 이동, 즉 전류는 전자를 밀어주는 힘인 전압이 있을 때 발생하게 된다. 전압이 도체에 가해졌을 때, 기전력이 도체에 전기장(electric field)을 발생시키면 전류가 생성된다.

초기에는 물이 높은 곳에서 낮은 곳으로 흐르듯이 전압이 높은 곳에서 전압이 낮은 곳으로 전류가 흐르는 것이 당연하다고 생각되어 전류의 방향이 결정되었다. 그러나 나중에 전자의 이동 방향과 전류의 이동 방향은 반대라는 것이 밝혀지게 되었다. 따라서 전류의 이동 방향은 전자가 이동하고 남은 빈 공간을 의미하는 정공(hole)의 이동 방향과 동일하다.

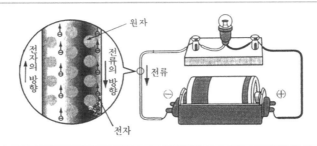

그림 1.8 전자의 이동 방향과 전류의 이동 방향

2.3 저항

전기의 흐름인 전류를 방해하는 정도를 수치로 나타낸 것이 저항이다. 저항을 결정하는 요소로는 고유저항, 단면적, 길이, 온도의 4가지가 있다. 물질은 동일한 분자의 연속체이고, 분자 안에 있는 원자 형태가 변화하지 않으므로 하나의 물질을 통과하고 있는 전자의 이동에 의한 전류는 원자의 전자에 의해 동일한 방해를 받게 된다. 즉, 하나의 물질에 의한 전류 이동의 방해는 동일한 것이고, 이를 물질 자체의 고유한 성질이라는 의미에서 고유저항이라고 부른다. 고유저항은 기호는 ρ(로)를 사용하고, 단위는 MKS단위계에서는 $[\Omega \cdot m]$를 사용하고, 항공분야에서는 $[\Omega \cdot Cmil/ft]$를 사용한다.

그림 1.9 Cmil의 개념

만약 도선 (그림 1.9에서 실선으로 그려진 원)이 딱 들어갈 만한 사각형관(그림 1.9에서 점선으로 그려진 정사각형)의 면적으로 도선의 단면적을 표현한다면 도선의 단면적을 쉽고 명확하게 표현할 수 있다. 정사각형의 면적은 도선 지름($L = 2r$)의 제곱이다. Cmil이란 단위는 이런 방식으로 도선의 단면적을 표시하는 방법이다. 예를 들어서 도선의 지름이 10mil이라면, 이 도선의 단면적은 100Cmil이 되는 것이다.

하나의 물질을 가지고 형태를 만들면 전류가 흐르는 방향의 단면적이 있을 것이고, 물질 안에서 이동한 거리가 있게 된다. 예를 들어서 사람이 단면적이 넓은 길을 지나가면 좁은 길에 비해서 다른 사람과 부딪힐 확률이 적을 것이고, 길의 길이가 길어진다면 그만큼 다른 사람과 부딪힐 기회는 증가할 것이다. 따라서 단면적은 저항 값에 반비례하고, 길이는 비례한다. 단면적의 기호는 A(area에서 유래), 단위는 m^{2}이다. 길이는 기호는 l(length에서 유래), 단위는 m이다. 저항을 측정하는 데 사용되는 단위는 옴(ohm)이라고 부르며, 부호는 그리스 문자 Ω(오메가, omega)이다. 이를 수식으로 표현하면 다음과 같다.

$$R = \rho \frac{l}{A} \, [\Omega]$$

표 1.1 각종 금속의 고유저항, % 전도율, 온도계수

금속	고유저항[$10^{-8}\Omega \cdot m$]	% 전도율	온도계수[$\times 10^{-3}$]
은(Ag)	1.62	107.8	4.1
구리(Cu)	1.69	103.1	4.3
표준연동	1.7241	100.0	3.93
알루미늄(Al)	2.62	64.1	4.2
텅스텐(W)	5.48	31.3	4.6
철(Fe)	10.0	17.8	6.51
니크롬	109.0	1.57	0.19

2.4 옴의 법칙

전기의 기본적인 수학적 관계를 설명하는 옴의 법칙 (Ohm's law)은 독일의 물리학자 조지 사이먼 옴(George Simon Ohm, 1789~1854)의 이름에서 유래되었다. 도체를 통과하는 전류는 도체에 가해진 전압에 정비례하고 도체의 저항에 반비례한다는 법칙이다.

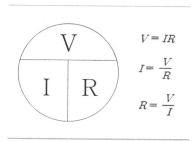

그림 1.10 옴의 법칙

3.1 전력

전기적인 힘을 전력(power)이라고 한다. 전력의 기호는 P이고, 단위는 W(와트, watt)이다. 전력은 전기 하나가 가진 에너지인 전압과 전기의 양인 전류의 곱으로 표현된다. 이를 수식으로 나타내면 아래와 같고, 옴의 법칙인 $V = IR$을 이용하면 전압, 전류, 저항 중 2개의 값을 이용하여 아래와 같이 다양한 수식을 만들어 낼 수 있다.

$$P = \frac{W[\text{J}]}{t[\text{sec}]} = \frac{W[\text{J}]}{Q[\text{C}]} \times \frac{Q[\text{C}]}{t[\text{sec}]} = VI = I^2 R = \frac{V^2}{R}[\text{W}]$$

3.2 전력량

전력에 시간의 개념을 추가한 것을 전력량(electric energy)이라고 한다. 따라서 전력량의 공식은 다음과 같다.

$$W = P \times t \,[\text{J}]$$

전력량은 일(work)의 개념이어서 기호로 W를 사용한다. 전력량의 단위는 시간이 초 (second)일 때는 J(줄, joul)을, 시간이 시간(hour)일 때는 Wh(와트아워, watt hour)를 사용한다. Wh에 1,000배를 의미하는 보조단위인 k(킬로, kilo)를 붙이면 kWh로, 가정에서 전기요금을 낼 때 사용하는 전기 사용량의 단위가 된다.

3.3 줄열

전기저항이 큰 니크롬선 등의 속을 흐르면 열이 많이 발생한다. 즉, 저항이 있는 도체 속을 흐르는 전류는 일부를 열 에너지로 소모하게 된다. 전자가 도체를 구성하고 있는 금속원자와 충돌해서 금속원자로 하여금 불규칙적인 열진동이 일어나도록 만든다. 이처럼 전류가 흐름으로써 도체에 발생하는 열을 줄열이라 한다.

$$H = 0.24\,I^2 Rt\,[\text{cal}]$$

4.1 키르히호프의 법칙

독일의 물리학자 G.R.키르히호프(Gustav R. Kirchhoff, 1824~1887)가 발견한 전류에 관한 키르히호프의 법칙은 옴의 법칙을 응용한 것으로 직류회로를 해석하는데 기본 개념에 대해 알려주는 법칙이다. 키르히호프의 전류에 관한 법칙은 2가지로 나눌 수가 있는데, 이 중 제1법칙은 전류법칙(Kirchhoff's current law : KCL)이라 부르고, 하나의 전기적인 접합점(node)을 기준으로 들어오는 모든 전류의 합은 나가는 모든 전류의 합과 같다는 법칙이다.

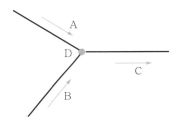

그림 1.11 키르히호프의 제1법칙

그림 1.11에서 A, B방향으로 각각 1A, 2A의 전류가 들어온다면 C부분으로 3A의 전류가 나갈 것이다. 즉, 전기적인 접합점(node)인 D점을 기준으로 보면 유입되는 전류는 1A와 2A이고, 그 합은 3A이다. 그리고 유출되는 전류는 3A만 있으므로 유출되는 전류의 합은 3A이다. 당연하게 이 둘은 같으며, 이것이 전류법칙이다.

제2법칙은 전압법칙(Kirchhoff's voltage law : KVL)이며, 하나의 루프(loop)에서 공급되는 전압의 합과 소비되는 전압의 합이 같다는 법칙이다. 루프는 전기가 처음 시작한 점에서 출발하여 처음 시작한 점으로 다시 돌아오는 폐회로(closed circuit) 중 내부에 다른 회로가 없는 회로를 의미한다.

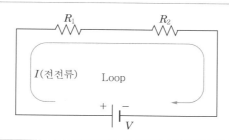

그림 1.12 키르히호프의 제2법칙

그림 1.12는 가장 간단한 루프를 보여준다. 전류는 전압의 (+)극(V부분의 긴 단자)에서 나올 것이고, 저항을 거쳐서 전압의 (−)극(V부분의 짧은 단자)으로 들어갈 것이다. 이 루프에서 공급되는 전압은 V이고, 소비되는 전압은 저항 R_1과 R_2에 걸리는 전압이다. 예를 들어서 형광등을 생각해보자. 형광등에 전압이 걸리면 전류가 흐르고 형광등은 켜지면서 전기를 소비한다. 옴의 법칙을 생각하면 전압이 걸린 상태에서 전류가 흐르면 저항이 존재한다는 것이고 형광등은 저항의 역할을 하게 된다. 따라서 저항은 전기를 소비하는 존재이다. 이 루프에서 공급전압은 소비전압과 같을 수밖에 없고, 이것이 키르히호프의 제2법칙이다.

키르히호프의 법칙을 정리하면 아래와 같다. 키르히호프의 법칙과 다음 단원인 합성저항 구하는 공식을 이용하면 대부분의 직류 회로 해석이 가능하다.

제1법칙 : 한 개의 node에서 Σ유입전류 =Σ유출전류

$$(\textstyle\sum I_0 = 0)$$

제2법칙 : 한 개의 loop에서 Σ공급전압 =Σ소비전압

$$(\textstyle\sum E = \textstyle\sum I \times R)$$

4.2 저항의 접속

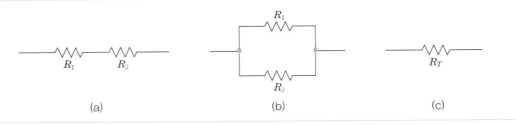

그림 1.13 저항의 직렬연결과 병렬연결

저항과 같이 전기적으로 어떤 기능을 하는 것을 소자(element 혹은 device)라고 부르고, 전기적으로 연결하기 위해 금속선으로 연결된 부분을 단자(terminal)라고 한다. 저항과 같은 두 단자의 소자는 연결하는 방법이 2가지 있는데, 두 개의 단자 중 하나만 전기적으로 연결되는 것을 직렬연결, 두 개의 단자가 전부 전기적으로 연결된 것을 병렬연결이라고 한다. 이를 회로로 표현하면 그림 1.13과 같으며, (a)는 직렬연결을, (b)는 병렬연결을 의미하고 (c)는 (a) 또는 (b)의 합성저항을 뜻한다.

01 저항의 직렬연결

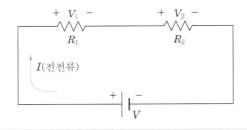

그림 1.14 직렬연결 회로

저항이 직렬로 연결된 경우는 전기가 흐를 수 있는 길이 하나이기 때문에 전류는 하나의 값으로 고정이 되고 전압은 나누어진다. $V = IR$(옴의 법칙)이므로, 전류가 고정된 상태에서는 전압과 저항은 비례하게 된다. 따라서 직렬연결의 경우 전압은 저항에 비례하여 분배된다. 이 직렬회로에 전압을 인가하여 연결해서 회로로 구성하면 그림 1.14와 같다.

전압과 저항이 전기적으로 연결되었으므로 그림의 I와 같이 전류가 흐른다. 이 회로에서 공급되는 전압은 V이고, 저항이 전압을 소비하므로 소비하는 전압은 V_1과 V_2이다. 키르히호프의 제2법칙에 의해 공급전압의 합과 소비전압의 합은 같으므로 아래와 같이 수식을 작성할 수 있다.

$$V = V_1 + V_2$$

옴의 법칙에 의해 $V = IR$이므로,

$$V = IR_T \ , \ \ V_1 = IR_1, \ \ V_2 = IR_2$$

이다. 이를 위 식에 대입하면

$$IR_T = IR_1 + IR_2$$

이고, I가 전부 같은 값이므로 삭제하면 다음과 같다.

$$R_T = R_1 + R_2$$

여기서 R_T는 2개 저항의 합성저항을 의미한다. 직렬연결의 경우 길(전하가 이동하는 통로)이 하나이기 때문에 시작점부터 끝점까지 전기가 가기 위해서는 저항을 모두 통과해야 하고, 저항을 통과할 때마다 방해를 받기 때문에 방해 정도(저항)를 모두 더한 것이 전체 저항이 된다.

02 저항의 병렬연결

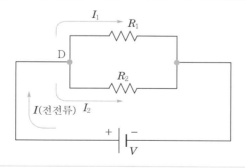

그림 1.15 병렬연결 회로

병렬연결의 경우 두 개의 단자가 서로 연결되어 있기 때문에 양단자의 전압은 동일하고, 전류가 갈 수 있는 길이 한 개가 아니므로 전류는 나눠지게 된다. $V = IR$(옴의 법칙)이므로, 전압이 고정된 상태에서는 전류와 저항은 반비례하게 된다. 따라서 병렬연결의 경우 전류는 저항에 반비례하여 분배된다. 이 병렬회로에 전압을 인가하여 회로로 구성하면 그림과 같다.

전압과 저항이 전기적으로 연결되었으므로, 그림 1.15처럼 I와 같은 전류가 흐른다. D점에서 도선이 나누어지므로 전류도 I_1과 I_2로 나누어질 것이다. 전기적 접합점인 D를 기준으로 보면 유입되는 전류는 I이고, 유출되는 전류는 I_1과 I_2이다. 키르히호프의 전류법칙에 의해 아래와 같이 수식을 작성할 수 있다.

$$I = I_1 + I_2$$

옴의 법칙에 의해 $I = \dfrac{V}{R}$이므로,

$$I = \frac{V}{R_T}, \ I_1 = \frac{V}{R_1}, \ I_2 = \frac{V}{R_2}$$

이를 위 식에 대입하면

$$\frac{V}{R_T} = \frac{V}{R_1} + \frac{V}{R_2}$$

이고, V가 전부 같은 값이므로 삭제하면 다음과 같다.

$$\frac{1}{R_T} = \frac{1}{R_1} + \frac{1}{R_2}$$

여기서 R_T는 2개 저항의 합성저항을 의미한다. 병렬회로는 길(전하가 이동하는 통로)이 2개이므로 전류가 나눠 흐르고 이 말은 일부 전류는 다른 저항의 방해를 안 받는다는 의미이다. 따라서 병렬로 저항을 연결할 경우에는 저항의 값은 낮아지게 된다.

5.1 MKS 단위계

표 1.2 MKS 단위계

물리량	MKS 단위계	단 위
길이	미터(meter)	[m]
질량	킬로그램(kilogram)	[kg]
시간	초(second)	[s]
힘	뉴턴(newton)	[N]
전하	쿨롱(coulomb)	[C]
전류	암페어(ampere)	[A]
전위	볼트(volt)	[V]
전기장	볼트/미터(volt/meter)	[V/m]
전속밀도	쿨롱/미터^2(coulomb/m^2)	[C/m^2]
정전용량	패럿(farad)	[F]
전력	와트(watt)	[W]
에너지	줄(joule)	[J]
저항	옴(ohm)	[Ω]
자속	웨버(weber)	[wb]
자속밀도	웨버/미터^2(weber/m^2)	[wb/m^2]
자기장	암페어/미터^2(ampere/m^2)	[A/m^2]
인덕턴스	헨리(henry)	[H]

5.2 CGS 단위계

표 1.3 CGS 단위계

물리량	단위계		단위	SI 기준
길이	센티미터(centimeter)		[cm]	10^{-2}[m]
질량	그램(gram)		[g]	10^{-3}[kg]
시간	초(second)		[s]	
힘	다인(dyne)		[dyn]	10^{-5}[N]
속도	[cm/s]			10^{-2}[m/s]
가속도	갈릴레오(galileo)		[Gal]	10^{-2}[m/s^2]
에너지	에르그(erg)		[erg]	10^7[J]
전하	스탯쿨롱(statcoulomb)		[statC]	$b \times 10^{-8}$[C]
전류	스탯암페어(statampere)		[statA]	$b \times 10^{-8}$[A]
전기퍼텐셜	스탯볼트(statvolt)		[statV]	a[V]
전기장	[statV/cm]			$a \times 10^2$[V/m]
자기장	스탯테슬라(stattesla)		[statT]	$a \times 10^4$[T]
저항	[s/cm]			$a^2 \times 10^7$[Ω]
전기변위	[statC/cm^2]			$b \times 10^{-4}$[C/m^2]
정전용량	[cm]			$b \times 10^{-9}$[F]
자속	스탯웨버(statweber)		[statWb]	a[Wb]
인덕턴스	[s^2/cm]			$a^2 \times 10^7$[H]

※ $a = 2.99792458$(광속[m/s]을 1억으로 나눈 값)
　$b = 10/a \simeq 3.33564095$

5.3 보조단위 접두어

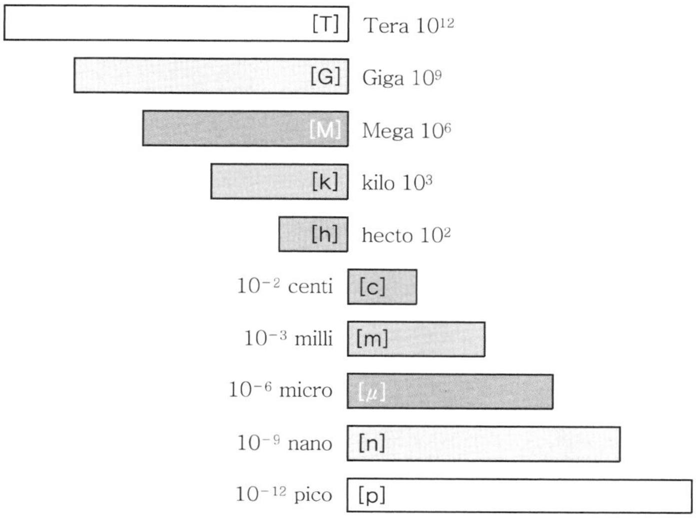

[T]	Tera 10^{12}
[G]	Giga 10^9
[M]	Mega 10^6
[k]	kilo 10^3
[h]	hecto 10^2
10^{-2} centi [c]	
10^{-3} milli [m]	
10^{-6} micro [μ]	
10^{-9} nano [n]	
10^{-12} pico [p]	

그림 1.16 표준 10진 접두어

PART

02

항공 전자 회로

1.1 공유결합(covalent bond)과 도핑(doping)

각종 고체 전자소자를 일반적으로 SSD(solid-state device)라고 하고, SSD의 기능을 이해하기 위해서는 재료로 사용되는 반도체의 구성과 성질을 알아야 한다.

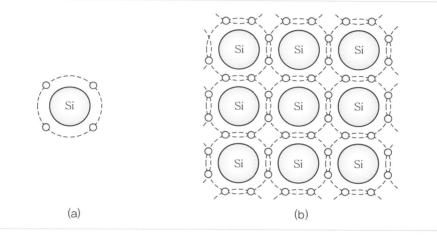

(a)　　　　　　　　　　　(b)

그림 2.1 실리콘의 가전자 및 공유결합

반도체에 사용되는 가장 일반적인 두 가지 재료로는 게르마늄(germanium, 화학기호 Ge)과 실리콘(silicon, 화학기호 Si)이 있다. 게르마늄과 실리콘의 특징은 각각의 원자가 4개의 가전자를 가지며, 그림 2.1 (b)와 같이 인접 가전자와 공유결합을 한다는 것이다. 두 가지 모두 반도체 재료로 사용되나 온도 변화에 강하고 가격이 저렴한 실리콘이 주로 사용된다.

실리콘의 공유결합 형태는 매우 안정적이며 2개의 원자 간 결속력이 강한 특징이 있다. 그림 2.1 (b)에서 보듯 실리콘의 모든 외각전자가 서로 간의 공유결합에 사용되어 전자가 이동하기 위한 비어 있는 자리(정공)가 없어 순수한 실리콘은 결국 절연체의 특성을 갖게 된다. 이러한 절연성질을 갖는 실리콘 결정체에 전류가 흐르기 위해서는 순수한 실리콘결정체에 비소(arsenic, 화학기호 As)나 붕소(boron, 화학기호 B) 같은 불순물을 혼합하여 공유결합에 참여하지 않는 잉여 전자를 만들어 내거나 전자가 이동할 수 있는 정공을 만들어 주어야 하는데, 이런 방법을 도핑이라 한다.

　　도핑이란 전자나 정공의 수를 늘려서 전류가 잘 흐를 수 있도록 반도체에 소량의 불순물을 추가하는 과정이라고 할 수 있다. 도핑을 거친 반도체는 N형 반도체와 P형 반도체로 나뉜다. N형 반도체 물질은 외각전자의 개수가 5개인 비소(arsenic, 화학기호 As), 인(phosphorus, 화학기호 P), 안티몬(antimony, 화학기호 Sb) 같은 불순물을 실리콘 결정체에 첨가하여 만들어진다. 이런 경우 4가 원소인 실리콘과 5가 원소가 서로 섞이게 되고 공유결합의 결과로 인해 잉여의 전자가 남게 되고, 이 잉여의 전자는 전류를 잘 흐를 수 있게 하는 주된 역할을 하는 것이다. 반면 P형 반도체의 경우 실리콘 결정체에 붕소(boron, 화학기호 B), 알루미늄 (aluminum, 화학기호 Al), 갈륨(gallium, 화학기호 Ga)과 같은 외각전자가 3개인 3가 원소를 혼합하여 4가 원소와 공유결합을 하게 되면 전자가 부족한 결과를 초래하게 되고 이로 인해 정공(hole)이 생성된다.

그림 2.2 전자와 정공의 이동

　　그림 2.2의 첫 번째 그림은 정공을 가진 원자를 이용하여 전자가 오른쪽에서 왼쪽으로 이동하는 것을 묘사하였다. 하지만 다시 한 번 생각해보면 두 번째 그림처럼 정공을 가진 원자가 왼쪽에서 오른쪽으로 이동하는 것처럼 보일 수도 있을 것이다. 실제 전류의 흐름은 정공의 흐름 방향과 같다.

1.2   PN 접합과 다이오드(diode) 기본 원리

전자소자의 한 종류인 다이오드(diode)는 P형 반도체와 N형 반도체를 접합한 PN접합 다이오드이다. P형 반도체 부분의 단자를 애노드(anode), N형 반도체 부분의 단자를 캐소드(cathode)라고 부른다. PN접합 다이오드는 전류를 한쪽 방향으로만 흐르도록 하는 특성 때문에 교류를 직류로 변환하는 정류소자로 사용된다. 그림 2.3은 외부전압이 가해지지 않은 다이오드의 전기적 특성을 보여준다. 그림에서 보듯이 P형 반도체에는 정공(+)이 많고, N형 반도체에는 전자(−)가 많다. N형 영역의 전자는 모든 방향으로 확산하려는 경향을 가진다. P형 영역으로 들어가려는 성질이 강한 전자가 P형 영역으로 들어갈 때 한 쌍의 이온을 만들어낸다.

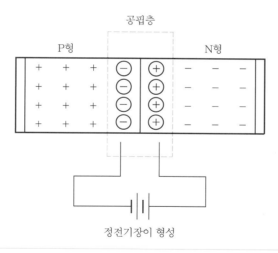

그림 2.3 공핍층 형성

그림 2.3의 점선으로 표현된 부분을 보면 P형 영역으로 전자가 이동하면서 N형 영역에서는 양이온이 만들어지고 P형 영역으로 이동한 전자로 인해 P형 영역에서는 음이온이 만들어지는 동시에 이들 한 쌍의 이온은 서로 당기려는 성질로 인해 견고해지면 이동하지 않으려는 성질을 띤다. 이러한 영역을 공핍층(depletion layer)이라고 부르며, 마치 소형 배터리로 묘사될 수 있으며, 이 공핍층을 정전기장(electrostatic field)이라고 볼 수도 있다. P형 영역과 N형 영역

의 접합부위에 이러한 공핍층 영역이 지속적으로 증가하지 않는 이유는 최초에 생겨난 이동하지 않으려는 양이온과 음이온으로 인해 P형 영역의 전자가 N형 영역으로 넘어가기가 점점 어렵게 되기 때문이다. 그래서 공핍층은 최초에 발생하여 어느 시점이 되었을 때 더 이상 그 영역이 증가하지 않게 되며 공핍층은 전자가 넘어가기 어려운 영역이라는 이유로 인해 접합 장벽 (junction barrier)이라 부르기도 한다.

1.3 다이오드의 순방향과 역방향 특성

01 다이오드 순방향 특성

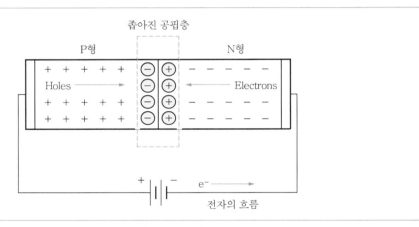

그림 2.4 순방향 바이어스된 PN접합

그림 2.4에서는 순방향으로 바이어스된 다이오드(forward biased diode)를 나타낸다. 순방향 바이어스란 애노드에 (+)전압을, 캐소드에 (−)전압을 연결해준 것이다. 반대로 연결하면 역방향이 된다. 그림에서와 같이 순방향이 되었을 경우 N형 영역으로 자유전자가 지속적으로 공급됨에 따라 N형 영역 중 접합 부위 공핍층의 양이온은 점점 줄게 되고 공핍층의 두께가 줄어들면서 전자는 접합 부위에서 P형 영역으로 쉽게 이동이 가능하게 된다. 지속적인 자유전자의 이동은 P형 영역의 정공을 이용하여 배터리의 (+)단자 쪽으로 쉽게 이동하게 됨에 따라 전류의 지속적인 흐름이 가능해진다. 실상 전류의 흐름은 전자의 흐름이므로 배터리의 (−)단자에서 (+)단자로 이동하는 것이지만 그림 2.2의 예와 같이 전류의 흐름을 정공의 이동이라는 관점에서 본다면 (+)단자에서 (−)단자로 흐른다고 볼 수도 있을 것이다.

02 다이오드 역방향 특성

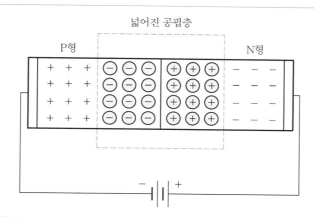

그림 2.5 바이어스된 PN접합

　그림 2.5와 같이 다이오드가 역방향 바이어스되었을 경우 전류는 흐르지 않을 것이다. 인가된 배터리 전압은 공핍지역과 같은 방향으로 바이어스되어 있다. 이것 때문에 정공과 전자는 접합 부분에서 멀리 이동하려는 경향이 있다. 다시 말하면 배터리 음극단자는 접합부분으로부터 정공을 멀리 끌어당기고 배터리 양극단자는 접합 부분으로부터 전자를 멀리 끌어당겨 공핍층이 넓어진다. 그런 이유로 인해 접합부분에 더 넓은 공핍지역이 생겨나는 것이다. 이러한 작용은 P형 영역에 더 많은 음이온이, N형 영역에 더 많은 양이온이 생겨나기 때문에 접합 장벽의 폭은 증가된다. 여기에서 기억해야 할 중요한 점은 PN 접합다이오드가 순방향 바이어스될 경우 다이오드 내부 접합 장벽이 전류흐름에 대해 매우 작은 저항성분으로 작용한다는 점이다. 이 저항성분이 최대가 될 경우는 다이오드가 역방향 바이어스일 때 발생할 것이다.

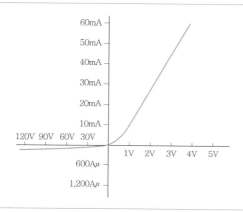

그림 2.6 다이오드의 전압-전류 특성

  그림 2.6은 순방향 바이어스 다이오드와 역방향 바이어스 다이오드의 전류흐름 특성을 보여준다. 가로축은 전압을 세로축은 전류를 의미한다. 따라서 이 그래프를 다이오드의 전압(–)전류 특성 그래프라고도 한다. 세로축을 중심으로 오른쪽은 순방향 바이어스일 경우의 전류를 나타내며 왼쪽은 역방향 바이어스일 경우 다이오드에 흐르는 전류의 흐름 정도를 나타낸다. 순방향 바이어스라 하더라도 접합면 근처 접합 장벽이 저항 성분으로 작용하므로 특정 전압 이하에서는 전류의 흐름이 매우 작다가 특정 전압 이상 순방향 바이어스되면 전류의 흐름이 순조로워진다. 이 특정 전압을 문턱전압(turn-on voltage)이라 하고, 이는 재질에 따라 달라진다. 게르마늄 다이오드의 문턱전압은 0.3~0.4V이고, 실리콘 다이오드의 경우는 0.6~0.7V이다. 반대로 역방향 바이어스일 경우는 인가된 전압 값이 커질수록 접합 장벽이 커3지면서 저항성분이 크게 작용하므로 전류 흐름은 거의 없게 된다.

CHAPTER 02 / 트랜지스터 이론

2.1 트랜지스터(transistors)

다이오드가 간단하게 에너지 레벨이 다른 두 종류의 반도체를 이용하여 한 방향에만 에너지 벽을 만들어서 한쪽 방향으로만 전류의 흐름을 차단한 소자라고 하면, 2개의 동일반도체 사이에 다른 종류의 반도체가 샌드위치 형태로 끼워져 있는 반도체로 중간에 에너지 벽을 만들어서 이 벽의 높이를 조절하여 전류가 흐름의 제어할 수 있는 소자를 트랜지스터라고 한다. 트랜지스터의 기본적인 모양은 PN접합 다이오드에 다른 종류의 반도체를 추가한 형태로, 그림 2.7에서와 같이 N을 추가한 NPN과 P를 추가한 PNP형이 있다.

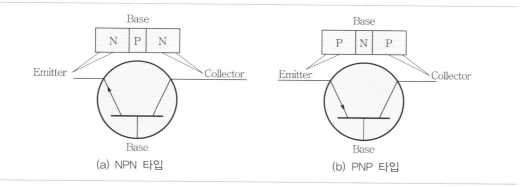

그림 2.7 트랜지스터의 구성 및 회로 기호

2.2 트랜지스터 Bias

트랜지스터는 회로 내에서 주로 전류를 제어하거나 신호를 증폭하는 용도로 사용되는 단자가 3개인 전자소자이다. 트랜지스터는 그림 2.7처럼 2개의 접합면과 3개의 층(layer)이 있는 기본 구조를 가진다. 트랜지스터에서 도핑의 농도가 가장 강한 부분을 에미터(E, emitter), 가장 약한 부분을 베이스(B, base) 그리고 중간 정도의 도핑 농도를 가진 부분을 컬렉터(C, collector)라 한다. 회로기호에서 단자 구분하는 방법은 막혀 있는 부분이 B, 화살표가 있는 부분이 E, 화살표가 없는 부분이 C이다. 전류는 다이오드와 마찬가지로 P형에서 N형으로 흐르므로 NPN은 B에서 E방향으로 화살표가 표시되고, PNP형은 그 반대이다.

샌드위치 구조의 중간에 삽입된 층인 베이스는 컬렉터나 에미터에 비해 상당히 얇다는 점이 특징이다. 전자가 어느 한쪽 방향으로 이동한다면 정공은 그 반대반향으로 이동한다. 트랜지스터에서 전자와 정공은 모두 전류의 캐리어(carrier)로서 활동한다. 순방향 바이어스된 PN 접합은 전압이 가해질 때 고전류를 통과시키기 때문에 저저항 회로요소로 작용하고, 반대로 역방향 바이어스된 PN 접합은 고저항 회로요소로 작용한다. 트랜지스터의 2개의 접합면에 일정한 전류가 흐른다고 가정할 때, $P = I^2R$을 적용해보면 역방향 바이어스 접합면이 순방향 바이어스 접합면보다 높은 전력이 생성됨을 알 수 있다. 그런 까닭에 트랜지스터의 순방향 바이어스된 접합면에 저출력 신호를 가해주면 다른 하나의 역방향 바이어스된 접합면에서 고출력 신호를 얻을 수 있는 증폭기의 용도로 사용이 가능하다. 트랜지스터를 증폭기로 사용하기 위해서 두 개의 접합면에 바이어스를 어떻게 가해줘야 할지를 결정해야 한다. 첫 번째 PN 접합, 즉 E–B는 순방향으로 바이어스를 걸어준다. 이것은 저저항을 만들어낸다. C–B 접합인 두 번째 접합은 고저항을 만들어내기 위해 역바이어스를 걸어준다.

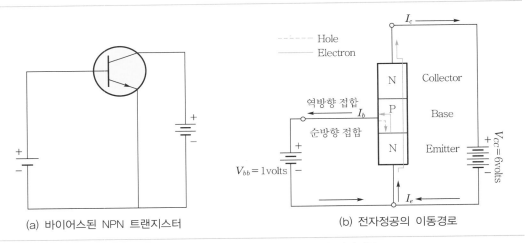

(a) 바이어스된 NPN 트랜지스터   (b) 전자정공의 이동경로

그림 2.8 바이어스된 NPN 트랜지스터 전기이동

그림 2.8 (a)에서는 NPN 트랜지스터를 동작시키기 위해 전압이 걸린 상태를 나타낸다. 순방향으로 바이어스를 걸어준 E–B 접합에서 전자는 배터리의 (−)단자를 떠나 N형 영역으로 들어간다. 이들의 전자는 쉽게 에미터를 지나 접합면을 건너간다. 그리고 베이스(P형) 영역에 있는 정공과 결합한다. P형 영역에 있는 정공을 채우고 난 나머지 다른 전자는 P형 영역을 떠날 것이고 배터리의 (+)단자로 들어간다. B–C 접합인 두 번째 PN 접합은 역방향 바이어스이다. 이것은 접합면이 고저항으로 작용되어 다수 캐리어가 접합면을 건너지 못하도록 할 것이다. 그러나 소수 캐리어(P형 영역에 있는 전자와 N형 영역에 있는 정공)로 인해 역방향 바이어스

된 PN 접합 부분에도 적은 전류의 흐름이 존재한다. 소수 캐리어는 NPN 트랜지스터의 작동에서 중요한 부분을 담당한다.

그림 2.8 (b)에서는 NPN 접합의 기본적인 상호작용을 보여준다. Vbb는 베이스의 바이어스이고, Vcc는 컬렉터의 바이어스이다. 배터리의 (−)단자에서 출발하여 N형 영역으로의 자유전자의 이동을 볼 수 있는데, 이를 에미터 전류라 한다. 전자가 N형 영역으로 들어갈 때 그들은 다수 캐리어가 되고, N형 영역을 통과해서 E−B 접합으로 이동한다. E−B 접합은 약 0.65~0.7V 이상의 순방향 전압이 가해지면 쉽게 전자의 흐름이 가능하다. 이들 전자가 베이스 안으로 들어갈 때 P형 영역의 정공과 결합하고 나머지 전자는 베이스를 거쳐 베이스 전압원의 (+)단자로 이동하면서 베이스 전류(Ib)가 된다. 베이스 안으로 이동한 전자의 대부분은 C−B 접합이 역방향 바이어스인 이유로 컬렉터의 N형 영역으로 이동하기 어려우나, 컬렉터의 N형 영역 소수 캐리어 입장에서는 C−B 접합이 순방향 바이어스인 것처럼 여겨질 수 있어서 베이스 영역의 전자가 C−B 접합을 건너 컬렉터로 이동하고 I_c로 나타낸 전자는 컬렉터 전류로서 컬렉터에 연결된 배터리의 (+)단자로 되돌아간다. 베이스에서 컬렉터로의 전자의 흐름을 쉽게 하려고 베이스 영역을 얇게 도핑하는 것이 일반적이다.

트랜지스터는 전자의 이동과 역방향 바이어스 시의 저항의 두 가지 성질을 이용하는 이유로 Transistor(transfer−resistor)라고 부르는 것이다. PNP 트랜지스터는 NPN 트랜지스터와 같이 동일한 원리로 작동한다. 주된 차이점은 에미터, 베이스, 컬렉터의 재료가 NPN과는 다른 재료로 구성되어 있다는 것이다. NPN의 경우 다수 캐리어가 전자이지만 PNP의 경우에 다수 캐리어는 정공이 된다. 또한 바이어스 방식도 NPN에 비해 반대가 되어야 한다.

2.3 트랜지스터 공통접지 방식

트랜지스터의 공통접지에는 3가지 방식이 있는데, 그림 2.9에서와 같이 공통에미터(CE, common−emitter), 공통베이스(CB, common−base), 공통컬렉터(CC, common−collector)이다. 공통(common)은 트랜지스터의 특정 단자가 다른 2개 단자의 입력과 출력에 대해 공통으로 (−)단자로 사용된다는 의미이다. 3가지 방식의 공통접지 회로는 그 응용 분야에 따라 고유의 특징을 갖는다. 원하는 회로를 구성하기 전 먼저 3개의 트랜지스터 단자 중 어떤 것이 입력 신호로 사용되는지 결정하고 그 다음에 출력 신호로 사용될 단자를 결정한다. 마지막으로 남아 있는 단자를 공통접지 단자로 사용한다. 세 가지 방식의 접지회로는 비록 동일한 트랜지스터가 사용되더라도 각각 고유한 이득 특성을 갖는다.

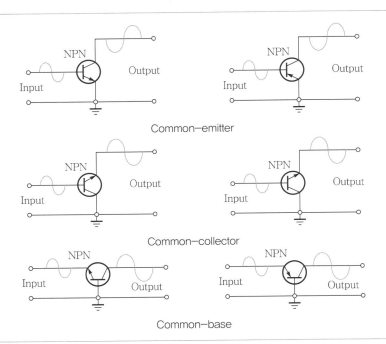

Common−emitter

Common−collector

Common−base

그림 2.9 공통접지 구성

　CE회로는 전압, 전류, 그리고 전력에 대한 양호한 이득(gain) 때문에 증폭회로에서 가장 일반적으로 사용된다. B-E 접합은 순방향 바이어스(저저항), C-E 접합은 역방향 바이어스(고저항)를 가해주고 에미터 단자는 공통접지로 사용한다. CE회로는 입력 신호 대비 출력 신호의 위상이 반전되는 유일한 접지회로로서 양호한 전류이득(current gain)과 전압이득(voltage gain)이 최상의 조합을 갖기 때문에 세 가지 접지회로 중에서 가장 널리 사용된다. 이득(gain)은 증폭도를 뜻한다.

　CC회로는 보통 임피던스 정합(impedance matching)에 사용된다. CC회로는 베이스에 입력 신호를 가해주고, 에미터에서 출력 신호가 얻어지며 컬렉터는 공통 접지로 사용된다. CC회로는 입력 저항은 높지만 출력 저항은 낮으며 입력 신호와 출력 신호가 동상(in-phase)인 특징이 있다. 전류 이득이 높아 전류 드라이버(current driver)로도 사용되며, 한쪽 방향으로 신호를 통과시키는 능력을 갖고 있기 때문에 스위칭 회로에 아주 유용하다. 전류 이득은 CE회로보다 높지만 CE회로나 CB회로에 비해 전력 이득(power gain)은 낮다.

　CB회로는 저입력 임피던스(low-input impedance)와 고출력 저항(high output resistance)을 갖는 특성으로 인해 임피던스 정합에 주로 사용된다. 하지만 입력 저항이 낮고, 전류 이득≤1라는 이유로 회로 응용에 제약이 있다. 전압 증폭(voltage amplification)의 장점을 이용하여 마이크로폰 증폭에 일부 사용되기도 한다.

정류회로

3.1 반파 정류기(half-wave rectifier)

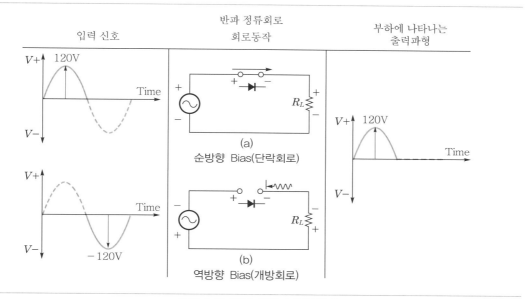

입력 신호   반파 정류회로 회로동작   부하에 나타나는 출력파형

그림 2.10 반파 정류기 동작원리

항공기에서는 교류를 직류로 변경해야 하는 경우도 있다. 이런 역할을 하는 장비를 TRU (transformer rectifier unit)라고 하며, TRU의 동작을 이해하기 위해서는 반도체를 이용한 정류기의 동작 원리를 이해해야 한다. 우선 그림 2.10에서는 반파 정류기(half-wave rectifier)의 기초개념을 설명하고 있다. 그림의 (a)를 보면 교류 입력 신호의 (+)구간에서는 다이오드도 순방향 바이어스 상태이므로 그대로 통과시킨다. (b)에서 보면 교류 입력 신호의 (−)구간에서는 다이오드가 역방향 바이어스이므로 전압을 통과시키지 않는다. 따라서 그림 2.10의 오른쪽과 같이 다이오드를 통과하면 전체 파형 중 반만 통과하게 되고, 따라서 이를 반파 정류기라고 부른다.

3.2 전파 정류기(full-wave rectifier)

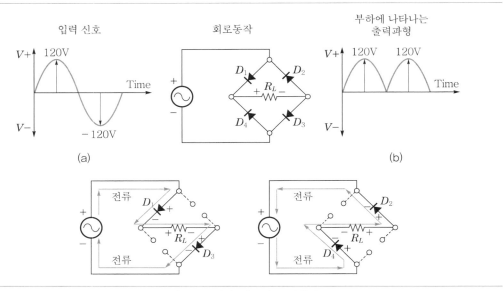

그림 2.11 전파 정류기 동작원리

2.11에서는 전파 브리지 정류기(full-wave bridge rectifier)를 보여준다. 입력신호가 (+)
일 때는 D_2와 D_4가 역방향이므로 전류가 흐르지 못하고 D_1와 D_3을 통해서 전류가 흐르게
된다. 입력신호가 (-)일 때는 D_1와 D_3가 역방향이므로 전류가 흐르지 못하고 D_2와 D_4을
통해서 전류가 흐르게 된다. 따라서 이 회로를 이용하면 (a)의 전기가 (b)와 같이 변경된다.
결과적으로 전체 파형에서 교류가 걸러지는 효과로 나타나므로 이를 전파 정류되었다고 말할
수 있다.

논리회로

4.1 아날로그와 디지털

정보를 전기적인 신호로 전달하려고 하면 전압이나 전류 혹은 전파(radio wave)로 전달해야 한다. 예를 들어서 2V란 전압을 신호로 전달하자고 하자. 간단하게 정리하면 아날로그(analog)는 2V의 전압으로 신호를 전달하는 방식이고, 디지털(digital)은 2V를 숫자로 변경하여 전달하는 방식이다. 전기가 전달되려면 도선이 있어야 하고, 전류의 형태로 전압은 전달이 될 것이다. 이론적으로 도선은 0Ω의 저항을 가져야 하지만, 실제 사용하는 도선의 저항은 0Ω이 아니다. 저항이 있는 도선에 전류가 흐르면 옴의 법칙에 의해 전압이 발생한다. 즉, 보내는 쪽에서는 2V의 전압을 보내지만 받는 쪽에서는 흐르는 전류와 도선의 저항의 곱인 전압만큼의 차이가 발생하여 2V의 전압으로 받을 수가 없다. 실제 사용하는 도선의 저항이 충분히 작더라도 도선의 길이가 충분히 길다고 한다면 전압의 차이는 무시하기 힘든 정도가 된다. 앞의 예에서 2V의 전압을 보내는 것이 키보드라고 가정한다면, 키보드에서 PC의 본체로 2V의 전압을 보내지만 전기적인 신호를 받는 PC의 본체에서는 도선의 저항에 의해 1.9V의 전압을 받을 수 있다. 다시 말하면 키보드에서는 L을 타이핑하지만 본체에서는 K로 받아들일 수도 있다는 의미이다. 또한 전기적인 신호는 외부에서 올 수도 있다. 우리는 선이 연결되지 않은 스마트폰으로 전화도 하고 데이터 통신도 한다. 이 의미는 우리 눈에는 보이지 않지만 여러 전파가 공중에 떠돌아다닌다는 의미이고, 이 신호들이 우리가 보내는 신호에 잡음(noise)으로 작용할 수 있다. 따라서 아날로그 신호는 정보의 정확한 값을 인식하기에는 무리가 있다. 그래서 개발된 신호 전달 방식이 디지털이다.

디지털은 신호를 숫자로 변경하여 보내는 방식이다. 디지털은 보내는 신호를 여러 단계로 나누면 오류가 발생할 수 있으므로, 높은 전압(high voltage, H로 표시)과 낮은 전압(low voltage, L로 표시) 2단계로만 표시했다. 만약 신호의 기준을 5V로 하면 5V이면 H, 0V이면 L인 것이다. 전압이 전달되다가 잡음에 의해 변경될 수도 있으므로 받아들이는 쪽(수신부)에서는 2.5V를 기준으로 높으면 H, 낮으면 L로 하려다가 2.51V와 2.49V의 차이가 너무 미비하여 정확히 구분할 수 없으므로, 아예 3V보다 높으면 H, 2V보다 낮으면 L, 그 사이이면 "신호가 아니고 잡음이다"라고 구분하였다. 숫자 표시 방법 중에서 2가지로만 표시되는 방법으로 0과 1로만 표시되는 2진법이 있다. H를 1로, L을 0으로 표시할 수 있다. 2진법의 한 자리 숫자로 표시되는 것을 비트(bit)라고 하고, 하나의 의미를 가지는 비트의 조합을 바이트(byte)라고 한다. 1비트만으로 5V의 신호를 표현하면 1은 5V를 0은 0V를 의미한다. 2V나 3V는 구분하지 못한다. 이는 흡사 일상생활에서 O, X로만 대화를 하는 것과 마찬가지이다. 따라서 신호를 보내기 위해서는 여러 개의 비트로 신호를 표현해야 한다. 한 바이트가 10비트라고 하면, 1비트가 2가지로 표현되므로 $2^{10} = 1,024$, 즉 1,024개로 나누어 신호를 보낼 수 있다. 5V/1,024 = 0.0049V이므로 이 신호는 0.0049V 차이 이하는 구분할 수 없다. 이를 분해능이라고 한다. 하나의 정보를 보내는 바이트에 속한 비트의 개수가 많을수록 정밀한 표현이 가능해진다. 물론 정밀할수록 시간과 전력의 소비는 증가할 것이다. 디지털 신호도 전달되는 사이 오류가 발생할 수 있다. 보낼 때는 1이지만 받을 때는 0이 될 수도 있다. 이런 오류를 예방하기 위해 사용되는 것이 패리티 비트(parity bit)이다. 8개의 비트가 하나의 바이트라면 맨 마지막 비트는 정보 전달의 목적이 아닌 오류 확인용 비트로 사용하는 것이다. 즉, $2^7 = 128$가지만 신호로 사용하고, 나머지 하나는 신호의 1의 개수가 짝수 혹은 홀수인지 확인한 다음에 미리 지정한 법칙(신호는 무조건 짝수이다. 혹은 신호는 무조건 홀수이다)에 맞게 패리티 비티를 결정해 주어 신호와 같이 보내는 방식이다.

4.2 논리회로(Logic circuit)

1과 0을 참(true)과 거짓(false)으로도 표현하기도 한다. 논리(logic)란 알려진 정보를 바탕으로 합리적인 결론을 도출하는 추론의 과학이라 할 수 있다. 인간의 추론은 어떤 조건이나 전제가 명확하다면 특정 명제(proposition)가 참이라고 말한다. 한 가지 예로 조종실의 master warning panel의 "LOW HYDRAULIC PRESS"라는 글자를 보이게 하는 램프가 켜지는 것을 명제라고 하자. 램프가 켜지기 위해서는 유압 내부 압력이 낮은 상태가 되어야 하고 이러한 상황이 정확해지면 램프가 켜지게 되는 것이다. 이때 유압 내부 압력이 낮은 상태는 논리가 되고 램프가 켜지는 것이 명제가 된다. 그리고 논리가 명확해지면 명제는 참이 된다. 몇 개의 명제는 결합되었을 때 논리함수를 형성한다. 위의 예에서 "LOW HYDRAULIC PRESS" 램프는 램프가 정상이고(AND), Hydraulic pressure가 낮은 경우 또는 램프가 정상이고(AND), 램프 테스트 중일 때 켜질 것이다. 정비사는 업무 중 논리함수의 형태로 표현되는 여러 가지 결함 상황에 직면할 수 있으며 그런 여러 가지 결함 상황은 논리적인 정돈을 통해 Yes/No 또는 True/False로 간단하게 정리할 수 있다. 디지털 논리회로(digital logic circuit)는 최신 항공기의 모든 장비에 장착되어 매우 안정적으로 목적에 맞게 운영되고 있으며 항법과 통신 같은 시스템에서도 사용되고, 항공기에 장착되는 수많은 컴퓨터 내에서 여러 가지 역할을

수행한다. 논리부호를 사용하는 정비교범이나 시스템 회로도를 이해하는 데 도움을 주고자
기본이 되는 몇 가지의 논리회로를 소개하려고 한다.

01 펄스의 구조(Pulse structure)

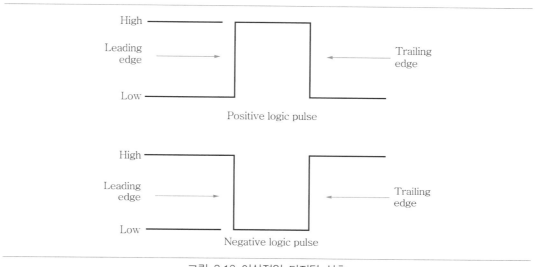

그림 2.12 이상적인 디지털 신호

그림 2.12에서는 이상적인 형태의 양(positive)의 펄스파형과 음(negative)의 펄스파형을
보여주고 있다. 양의 논리 펄스와 음의 논리 펄스는 두 종류의 엣지(edge)로 구성되는데 하나는
상승 엣지(leading edge)이고 다른 하나는 하강 엣지(trailing edge)이다. 양의 논리펄스인
경우 low에서 high로 변하는 구간이 상승 엣지이고 그 반대가 하강 엣지가 된다. 음의 논리펄스
인 경우는 H에서 L로 변하는 구간이 상승 엣지가 되고 반대는 하강 엣지가 된다. 그림 2.12의
펄스파형은 전압 값이 H에서 L로 혹은 L에서 H로 변화할 때의 상승시간이나 하강시간이
0(zero)이기 때문에 이상적인 펄스로 간주된다. 하지만 실제회로에서는 비록 극히 짧은 시간이
라 할지라도 상승시간과 하강시간이 존재한다. 그림 2.13에서는 실제회로의 펄스파형을 나타내
고 있다. L에서 H로 바뀌는 데 필요한 시간을 상승시간(rising time)이라 하며 그 반대를
하강시간(fall time)이라 한다. 일반적으로 상승시간과 하강시간은 H값의 10~90% 사이를
변화하는 데 소용되는 시간을 뜻한다. 펄스폭(pulse width)은 상승 엣지의 50% 지점과 하강
엣지의 50% 되는 지점간의 지속시간을 뜻한다.

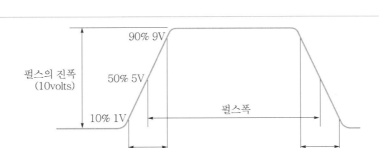

그림 2.13 실제 디지털 신호

02 기본 논리회로

(1) NOT Gate

인버터 회로(inverter circuit)로 불리는 NOT 게이트는 반전(inversion) 기능을 수행하는 기본적인 논리함수 회로이다. NOT 게이트의 목적은 하나의 논리상태(logic state)를 반대상태 (opposite state)로 전환하는 것이다. 표 2.1에서는 NOT 게이트에서 일어날 수 있는 논리상태를 나타내며, 이와 같은 표를 논리표(logic table) 또는 진리표(truth table)라고 부른다. 그림 2.14는 NOT 게이트의 심벌을 나타내고 있다. NOT 게이트는 논리식은 $S = \overline{A}$ 이다. A의 윗줄은 바(bar)라고 읽고, 반대되는 값을 의미한다.

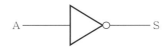

그림 2.14 NOT Gate

표 2.1 NOT Gate의 진리표

입력(A)	출력(S)
0(L)	1(H)
1(H)	0(L)

(2) AND Gate

그림 2.15 AND Gate

표 2.2 AND Gate의 진리표

A	B	S
0	0	0
0	1	0
1	0	0
1	1	1

AND 게이트는 2개 이상의 입력과 하나의 출력으로 구성된다. 그림 2.15는 AND 게이트의 회로 기호이고, 표 2.2는 진리표이다. 각각의 A. B는 입력, S는 출력을 나타낸다. AND 게이트의 작동은 모든 입력이 1일 때만 출력이 1이 된다. 만약 어떤 입력 중 하나라도 0이면 출력은 0이다. 그런 까닭에 AND 게이트의 기본적인 목적은 어떤 조건이 동시에 동일상태가 되었는지를 판단하는 것이다. 그림 2.16에서는 2개의 스위치와 1개의 백열전구로 표현된 간단한 AND 게이트를 보여주고 있다. 양쪽 스위치가 모두 접속되어야만 백열전구가 켜지고 그 이외의 상황에서는 백열전구가 켜지지 않을 것이다. 그림 2.17은 AND 게이트를 이용한 자동 조정 (autopilot)의 작동조건을 보여주고 있다. 그림에서와 같이 자동 조정은 수직자이로(vertical gyro), 방향자이로(directional gyro), 자동 조정 제어 스위치(autopilot control knob), 서보 (servo)의 상태가 모두 원하는 조건을 만족시킬 때 작동될 수 있다. 이러한 이유로 AND 게이트를 논리곱이라고 표현하고, 논리식은 $S = A \times B$이다.

Avionics Practice

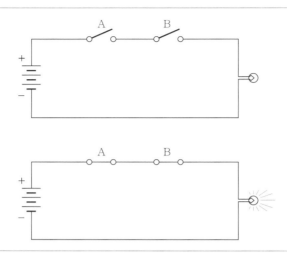

그림 2.16 직렬 스위치 회로로 설명되는 AND Gate

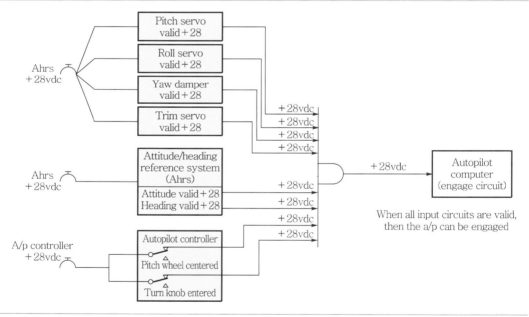

그림 2.17 자동 조정의 작동 조건

(3) OR Gate

그림 2.18 OR Gate

표 2.3 OR Gate의 진리표

A	B	S
0	0	0
0	1	1
1	0	1
1	1	1

OR 게이트는 2개 이상의 입력과 하나의 출력을 갖는 회로로서, 그림 2.18에서와 같은 회로기호와 표 2.3과 같은 진리표로 표현될 수 있다. 진리표에서와 같이 입력 중 어느 하나가 1일 경우 출력은 1이 된다. 출력이 0이 되기 위해서는 입력이 모두 0이 되어야 한다. 그림 2.19는 OR 게이트의 간단한 회로를 보여 준다. 항공기에서 예를 들면, Cabin Door와 Baggage Door가 모두 Close될 때는 "Door Unsafe" 램프가 꺼지지만 두 개의 Door 중 하나라도 Close가 아닐 때는 "Door Unsafe" 램프가 켜지는 것이다. 이러한 이유로 OR 게이트를 논리합이라고 표현하고, 논리식은 $S = A + B$로 표현된다. 1은 높은 전압을 의미하므로, 1+1이 2가 되지는 않는다. 여전히 높은 전압인 1이다.

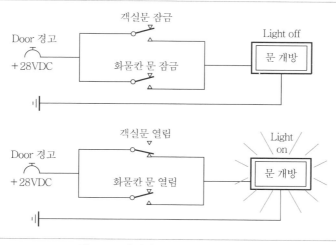

그림 2.19 병렬회로로 설명되는 OR Gate

(4) NAND Gate와 NOR Gate

그림 2.20 NAND Gate와 NOR Gate

표 2.4 NAND와 NOR Gate의 진리표

NAND Gate			NOR Gate		
A	B	S	A	B	S
0	0	1	0	0	1
0	1	1	0	1	0
1	0	1	1	0	0
1	1	0	1	1	0

NAND 게이트는 AND 게이트 뒤에 NOT 게이트를 붙인 것이고, NOR 게이트는 OR 게이트 뒤에 NOT 게이트를 붙인 것이다. 따라서 AND 게이트의 출력과 OR 게이트의 출력을 반전하면 된다. 회로 기호는 그림 2.20과 같고, 논리식은 표 2.4와 같다. NAND 게이트의 논리식은 $\overline{A \times B} = S$이고, NOR 게이트의 논리식은 $\overline{A + B} = S$이다. 논리식 계산 시 $\overline{A \times B} = \overline{A} + \overline{B}$로, $\overline{A + B} = \overline{A} \times \overline{B}$로 변경할 수 있다.

(5) XOR Gate와 XNOR Gate

XOR(exclusive OR) 게이트는 두 개의 입력이 서로 다를 때만 출력이 1이 되는 논리회로이고, XNOR(exclusive NOR) 게이트는 두 개의 입력이 같을 때만 출력이 1이 되는 논리회로이다. 회로 기호는 그림 2.21, 논리식은 표 2.5와 같다.

그림 2.21 XOR Gate와 XNOR Gate

표 2.5 XOR와 XNOR Gate의 진리표

XOR Gate			XNOR Gate		
A	B	S	A	B	S
0	0	0	0	0	1
0	1	1	0	1	0
1	0	1	1	0	0
1	1	0	1	1	1

4.3 집적회로(IC, Integrated Circuit)

지금까지 논의된 모든 논리회로뿐만 아니라 다른 전자소자들 역시 IC라고 하는 집적회로의 형태로 응용되고 있다. IC는 소형이고 소비 전력이 낮으며, 신뢰성이 좋고, 저렴하다는 장점을 가지고 있다. 반도체 칩(chip, 필요한 기능을 하는 가장 작은 단위)은 보통 작기 때문에 바로 사용할 수 없다. 용도에 따라 크기는 다르지만 LED와 같이 작은 반도체 칩을 사용하는 소자는 안에 들어가는 반도체 칩의 한 변의 길이가 수백 μm 수준인 것도 있다. 그림 2.22와 같은 케이스(package)를 열어서 중심부에 접착제(paste)를 이용하여 반도체 칩을 고정시키고, 케이스의 단자들과 금선(gold wire)이나 알루미늄선(aluminum wire)을 이용하여 전기적으로 연결(bonding)한다. 그런 다음 케이스를 조립하면 IC가 되는 것이다.

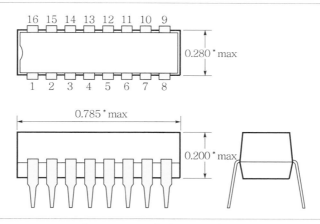

그림 2.22 IC 중 흔히 볼 수 있는 모양

IC의 가장 주목할 만한 특징은 크기 면에 있어서 개별 반도체 부품과 비교했을 때 손쉽게 수천 배 더 작게 제작할 수 있다는 것이다. 저항, 트랜지스터, 다이오드, 커패시터와 같은 모든 개별 전자 소자가 IC 내부에 내장되어 IC 칩의 일부가 되는 것이다. 집적(integration)은 그 정도에 따라 소규모 집적회로(SSI, small-scale integration), 중규모 집적회로(MSI, medium-scale integration), 대규모 집적회로(LSI, large-scale integration) 그리고 마이크로프로세서(microprocessor)로 나눌 수 있다. SSI는 디지털 집적회로 중에서 가장 간단한 설계로 간주된다.

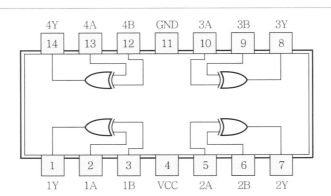

그림 2.23 4개의 XOR gate가 들어 있는 IC

예를 들면 AND, OR 게이트와 같은 비교적 간단한 회로가 집적되는 IC이다. 그림 2.23에서는 SSI의 한 형태를 보여준다. MSI는 SSI와 같은 간단한 회로가 집적되지만 SSI보다 12~100배 범위에 걸치는 많은 개수의 회로를 집적하는 IC이다. 엔코더(encoder), 디코더(decoder), 레지스터(register), 카운터(counter), 멀티플렉서(multiplexer), 메모리(memory), 그리고 연산회로(arithmetic circuit)와 같이 좀 더 복잡한 기능을 하는 IC이다. 그림 2.24에서는 MSI의 한 형태를 보여준다. LSI는 MSI보다 더 많은 그리고 더 복잡한 회로를 의미하며 더 많은 기억장치를 가지며 어떤 경우에는 마이크로프로세서를 포함하기도 한다.

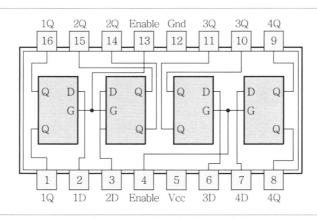

그림 2.24 Register의 내부 결선도

마이크로프로세서는 정해진 순서대로 논리연산 및 그 외 다른 기능을 수행할 수 있도록 프로그램화할 수 있는 장치이다. 마이크로프로세서는 대개 메모리칩(memory chip)이나 여러 형태의 입·출력장치와 연결하여 컴퓨터 시스템의 중앙처리장치(CPU, central processing unit)에 사용된다.

PART

03

전자 실습 기초

CHAPTER

01 / 전기 전자 부품의 이해

1.1 전기 전자 심벌(symbol)

01 수동 소자

명칭	회로도상의 기호와 단위	심벌(symbol)	비고
저항기	R [Ω] VR[Ω] SVR[Ω]		고정 저항기 가변 저항기 반고정 저항기
콘덴서	C [μF or pF]		용량성 리액턴스 유극성(전해) 무극성(마일러, 세라믹 등)
코일	L [H, mH]		유도성 리액턴스

02 능동 소자(반도체 소자)

명칭	회로도상의 기호와 단위	심벌(symbol)	비고
다이오드	D		정류용/스위칭용
제너 다이오드	ZDxx		정전압용 (xx : 제너 전압)
발광 다이오드	LED		전광변환
수광 다이오드	PD		광전변환
터널 다이오드	TD		고속 스위칭
가변용량 다이오드	VARICAP		동조용

명칭	회로도상의 기호와 단위	심벌(symbol)	비고
광전도소자	CDS		광전변환(무극성)
트랜지스터 (BJT)	TR (Q2Nxxxx)		증폭/스위칭 NPN형, PNP형 (xxxx : TR의 종류)
브릿지 정류기	Bridge Rectifier		전파 정류

03 스위치 및 계전기(relay)

명칭	회로도상의 기호와 단위	심벌(symbol)	비고
스위치	SW		SPST
			SPDT
			DPST Slide Switch Toggle Switch
			DPDT
	PB SW		Puch Switch
	Multi SW		다중 선택 스위치

명칭	회로도상의 기호와 단위	심벌(symbol)	비고
회로 차단기	C/B		스위치형 푸시형 푸시풀형 자동재접속형
계전기	Relay		N/O : Normal Open N/C : Normal Close

04 일반 소자

명칭	회로도상의 기호와 단위	심벌(symbol)	비고
변압기	Trans		승압/강압 (transformer) 철심형, 공심형
램프	Lamp		
스피커	Speaker		
부저	Buzzer		
전동기	Motor		
퓨즈	Fuse [xA]		과전류 제한 [xA] 정격 용량
DC 전원	V_{dc}, V_{cc} [V]		건전지, 배터리 직류 전원공급장치 (power supply)
AC 전원	V_{ac}		가정용/공업용/항공용 교류 전원
접지	GND		대지접지, 등전위, 섀시 또는 공통선 접지
배선	Wire ϕmm		도선 및 교차 ϕmm 도선의 지름 도선의 접속

1.2 수동 소자

01 고정 저항

(1) 기호 : R, 단위 : [Ω]

(2) 2접점, 무극성

정격전력 (W)	굵기 (mm)	길이 (mm)
1/8	2	3
1/4	2	6
1/2	3	9

그림 3.1 탄소피막저항기

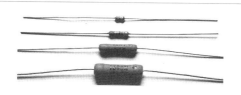

정격전력 (W)	굵기 (mm)	길이 (mm)
1/8	2	3
1/4	2	6
1	3.5	12
2	5	15

그림 3.2 금속피막 저항기

(3) 컬러 코드 판독법

색띠	유효자리 1st	2nd	승수 3rd	오차 4th	유효자리 1st	2nd	3rd	승수 4th	오차 5th
검정	0	0	10^0		0	0	0	10^0	
갈색	1	1	10^1		1	1	1	10^1	$\pm 1\%$
빨강	2	2	10^2		2	2	2	10^2	$\pm 2\%$
주황	3	3	10^3		3	3	3	10^3	
노랑	4	4	10^4		4	4	4	10^4	
초록	5	5	10^5		5	5	5	10^5	$\pm 0.5\%$
파랑	6	6	10^6		6	6	6	10^6	$\pm 0.25\%$
보라	7	7	10^7		7	7	7	10^7	$\pm 0.1\%$
회색	8	8	10^8		8	8	8	10^8	
흰색	9	9	10^9		9	9	9	10^9	
금				$\pm 5\%$				10^{-1}	$\pm 5\%$
은				$\pm 10\%$				10^{-2}	$\pm 10\%$
무				$\pm 20\%$					
	4색 저항기 읽기				5색 저항기 읽기				

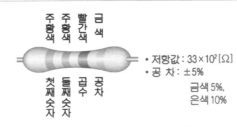

금색
빨간색
주황색
주황색

공차
곱수
둘째 숫자
첫째 숫자

- 저항값 : 33×10²[Ω]
- 공 차 : ±5%

  금색 5%,
  은색 10%

✓ 컬러 코드 판독 연습

4색 저항기 (탄소 피막)					5색 저항기 (금속 피막)					
1st	2nd	3rd	4th	Value	1st	2nd	3rd	4th	5th	Value
갈	적	흑	금		흑	갈	흑	흑	흑	
등	갈	갈	금		갈	흑	흑	흑	갈	
갈	흑	적	금		갈	적	흑	갈	갈	
청	회	적	은		적	적	흑	갈	적	
적	자	등	금		등	등	흑	적	갈	
녹	청	등	음		갈	흑	흑	등	갈	

02 가변 저항

(1) 기호 : VR 또는 SVR, 단위 : [Ω]

(2) 2접점 / 3접점, 무극성

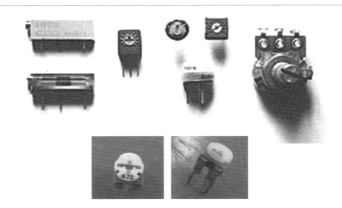

(3) 직접 판독법

✅ 직접 판독법(숫자 코드 판독법)

B 103 10W J			
(B)	103	(10W)	(J)
Type A/B/C/D Type	(숫자 코드)Value $10 \times 10^3[\Omega]$ 1st 2nd 유효자리 3rd 승수	정격 소비전력	허용오차 D : ±0.5% F : ±1% G : ±2% J : ±5% K : ±10%

( ) 생략 가능

(4) 단자 접속 방법

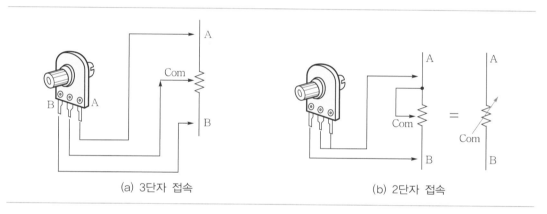

(a) 3단자 접속   (b) 2단자 접속

그림과 같이 연결하는데 A와 B는 바뀌어도 관계없지만 com 단자는 바뀌면 안 된다.

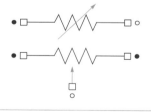

✅ 부품의 유형

: SMD(표면 실장 소자, surface mounted Device) 타입과 Lead(연결선이 있는 형태) 타입

SMD 타입은 회로 판의 앞뒷면 중 하나의 면만을 이용하여 납땜(soldering)하는 것이므로 보통 직사각형 형태로 되어 있고, Lead 타입은 보통 그림과 같이 부품이 있는 면과 납땜을 하는 면이 다르므로 직사각형뿐만 아니라 오리피스 형태(orifice type), Dip 형태(dual in-line package type, 제작의 편의성 및 균형 배치를 위해 2열로 단자가 구성된 형태), TO(transistor outline) 형태 등등 다양한 형태로 만들어질 수 있다.

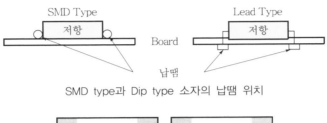

SMD type과 Dip type 소자의 납땜 위치

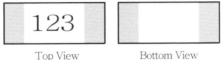

SMD 저항의 모습

위 그림은 SMD 저항의 모습이다. Top view는 위에서 소자를 본 모습이고, Bottom view는 아래에서 소자를 본 모습을 의미한다. SMD의 경우 앞뒷면이 같은 형태이기 때문에 뒷면에도 저항값을 적어놓는 경우도 많다. 그림에서 나타낸 저항의 저항값은 숫자로 123이 적혀 있으므로 다음과 같이 계산하면 된다. 이 저항(resistor)의 저항값(resistance)은 $12 \times 10^3 = 12,000\Omega = 12k\Omega$을 의미한다. 만약 저항에 100이라고 적혀 있으면, 이 저항의 저항값은 $10 \times 10^0 = 10\Omega$을 의미한다. 10Ω 보다 더 작은 저항을 표시할 때는 음수를 사용해야 하는데, 마이너스 기호는 표시하거나 작성이 되어 있더라도 구분하기가 쉽지 않으므로 보통은 마이너스 기호 대신에 소수점의 위치를 R이라는 문자를 사용하여 표시하기도 한다. 예를 들어서 4R7이라면 4.7Ω을, R47이라면 0.47Ω을 의미한다.

03 알루미늄 전해 콘덴서(전해 또는 케미컬 콘덴서)

(1) 기호 : C, 단위 : 도면 [μF], 실물 [μF]

(2) 2접점, 유극성

(3) 전해 콘덴서의 용량값 읽기

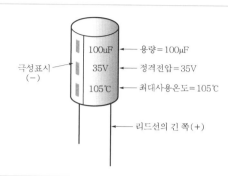

극성표시
(−)

용량=100μF
정격전압=35V
최대사용온도=105℃

리드선의 긴 쪽(+)

04 세라믹 콘덴서와 폴리프로필렌 필름 콘덴서(마일러 콘덴서)

(1) 기호 : C, 단위 : 도면 [μF], 실물 [μF] 또는 [pF]

(2) 2접점, 무극성

그림 3.3 마일러 콘덴서

그림 3.4 세라믹 콘덴서

(3) 용량값 읽기

✓ 커패시터 용량값 읽기

2A 104 M		
(2A)	104	M
정격 전압	정전 용량	허용 오차
100[V]	$10 \times 10^4[pF] = 0.1[\mu F]$	±20%

(　) 생략 가능

• 정격 전압 : 무표시는 50[V]

	A	B	C	D	E	F	G	H	J	K
0	1	1.25	1.6	2.0	2.5	3.15	4.0	5.0	6.3	8.0
1	10	12.5	16	20	25	31.5	40	50	63	80
2	100	125	160	200	250	315	400	500	630	800
3	1,000	1,250	1,600	2,000	2,500	3,150	4,000	5,000	6,300	8,000

• 허용 오차 : 10[pF] 이상은 [%]로, 10[pF] 이하는 [pF]으로 표시

	B	C	D	F	G	J	K	M	N	V	X
허용오차 [%]	±0.1	±0.25	±0.5	±1	±2	±5	±10	±20	±30	+20 −10	+40 −20
[pF]	±0.1	±0.25	±0.5	±1	±2						

✓ 콘덴서 종류

콘덴서는 커패시터(capacitor) 또는 축전지라고도 불리우며, 두 대전체 사이에 유전체를 두고 유전체에 의해 정전 에너지를 저장(충전)하였다가 필요할 때 방전시키는 전기 회로에 이용되며, 콘덴서의 종류는 유전체의 재료에 의해 구분된다.

기호	콘덴서의 종류	유전체의 주재료	전극의 종류
CA	알루미늄 고체 전해 콘덴서	알루미늄 산화 피막	알루미늄 및 고체 전해질
CC, CG, CK	자기(세라믹) 콘덴서	자기(세라믹)	금속막
CF	메탈라이즈드 플라스틱 필름 콘덴서	Plastic Film	증착금속막
CL	탄탈 비고체 전해 콘덴서	탄탈 사나화피막	탄탈 또는 비고체 전해질
CM	마이카 콘덴서	마이카	금속막 또는 금속박
CQ	플라스틱 필름 콘덴서	Plastic Film	금속박
CS	탄탈 고체 전해 콘덴서	탄탈 산화피막	탄탈 및 고체 전해질

(4) 정전용량 측정법(capacitance measurement)

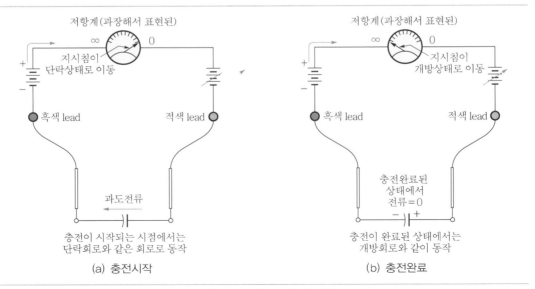

(a) 충전시작   (b) 충전완료

그림 3.5 커패시터 동작 시험

커패시터의 불량 원인은 단락과 단선, 정전용량 변화로 나타난다. 고주파 회로가 아닌 상태에서 커패시터 값의 변화는 회로에 큰 영향을 미치지 않는다. 커패시터를 회로에서 분리한 상태에서 커패시터의 양 단자에 저항을 연결하여 커패시터를 방전시킨다. 그다음 커패시터를 저항계에 연결하면 저항계에서 전압을 공급하여 충전이 되고 이때는 전류가 흐르므로 그림 3.5 (a)와 같이 지시바늘은 0Ω에 가깝게 지시할 것이다. 커패시터의 충전이 끝나면 더 이상 전류가 흐르지 않으므로 그림 3.5 (b)처럼 저항계의 지시바늘은 무한대를 지시할 것이다. 이 시간은 커패시터의 용량에 비례한다. 커패시터가 단락이나 단선되었다면 이런 변화가 없을 것이다. 디지털 멀티미터를 이용하면 커패시터 측정모드를 이용하여 커패시터의 용량을 바로 측정할 수 있다.

05 인덕터(Coil)

(1) 기호 : L, 단위 : [H], [mH], [μH]

(2) 2접점, 무극성(전류 방향에 따라 자화되는 방향이 바뀜)

✓ 인덕터 용량값 예시

표기	Value	표시	오차
120	12[μH]	F	±1%
122	1.2[mH]	G	±2%
124	120[mH]	J	±5%
126	12[H]	K	±10%
R15	0.15[μH]	M	±20%
1R5	1.5[μH]	Z	+80%, −20%

(3) 유도용량 측정법(inductance measurement)

전자석과 같이 코일이 감겨져 있는 전자 부품인 인덕터(inductor)에서도 단선과 단락이 일어날 수 있다. 단선이 발생하면 전류가 전혀 흐르지 못하므로 인덕터로서의 기능을 상실할 것이다.

단락이 일어난 경우는 전체 단락과 부분 단락으로 구분할 수 있는데, 전체 단락이라면 저항값이 0Ω이 나와 구분하기 쉽지만, 부분 단락이 일어났다면 정상적인 인덕터에 비해 다소 작은 저항값이 나올 것이다. 저항은 길이에 비례하는데, 부분 단락이 일어나면 코일 감은 부분에서 단락이 일어난 것이라서 코일의 전체 길이가 짧아진 것처럼 나타나므로 인덕터의 저항값은 정상적인 상태에 비해 감소하게 된다.

1.3 능동 소자(반도체 소자)

01 Diode

(1) 다이오드의 역할

- 역전류 차단(정류) 기능
- 스위칭(on/off) 기능
- 전압 안정화(전압 강하) 기능

(2) 다이오드 극성 판별 및 양부 체크 방법

① 다이오드 표면을 보면 띠가 둘러져 있다. 면적이 작은 쪽이 (−)전극이고, 반대쪽이 (+)전극이 된다

② 아날로그 테스터기를 이용한 극성 판별

  ㉠ 테스터기를 R×1 단자에 위치하고 "0"점 조정을 한다.

  ㉡ 교대로 양쪽 단자를 측정하면 테스터기 지침이 움직일 때가 있다. 이때 흑색 리드봉이 닿는 곳이 (+)전극(anode), 적색 리드봉이 닿는 곳이 (−)전극(cathode)이 된다.

  ㉢ 역방향 상태, 즉 반대로 연결하면 지침이 움직이지 않아야 한다. 즉, 무한대 상태(∞Ω)이어야 한다.

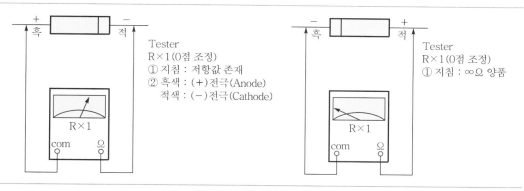

그림 3.6 순방향 상태(좌측), 역방향 상태(우측)

③ 디지털 테스터기를 이용한 극성 판별(정상 상태의 경우이며, 결과가 동일하게 나오면 불량품)

　　㉠ R Range를 이용하는 방법
　　　• 적색 리드봉이 애노드(A), 흑색 리그봉이 캐소드(K)에 있을 경우 : 수~수십Ω
　　　• 흑색 리드봉이 애노드(A), 적색 리그봉이 캐소드(K)에 있을 경우 : 수 MΩ
　　㉡ Diode Range를 이용하는 방법
　　　• 적색 리드봉이 애노드(A), 흑색 리그봉이 캐소드(K)에 있을 경우 : 0.7(전위장벽을 의미)
　　　• 흑색 리드봉이 애노드(A), 적색 리그봉이 캐소드(K)에 있을 경우 : OL(측정 불가)

02 제너다이오드(ZD)

(1) 제너다이오드의 역할

제너다이오드의 가장 중요한 역할은 정전압 기능이다. 부하와 병렬로 연결되어 부하의 변동이나 부하 전류에 의해 부하에 인가되는 전압이 변동되는 것을 방지해 준다.

다이오드와 외형은 유사

(2) 제너다이오드의 등가회로

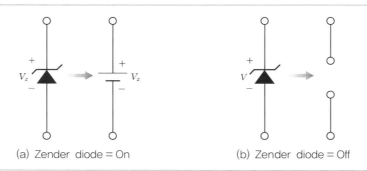

(a) Zender diode = On   (b) Zender diode = Off

(3) 제너다이오드의 양부 판정

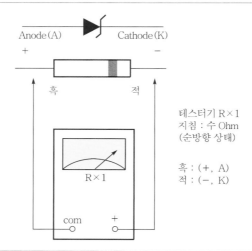

Anode(A)   Cathode(K)

$+$ $-$

흑   적

테스터기 $R \times 1$
지침 : 수 Ohm
(순방향 상태)

흑 : $(+, A)$
적 : $(-, K)$

$R \times 1$

com $+$

(4) 제너다이오드의 응용회로

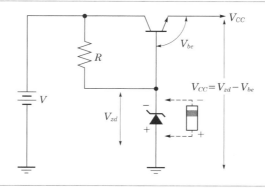

V_{CC}

V_{be}

$V_{CC} = V_{zd} - V_{be}$

R

V

V_{zd}

그림 3.7 정전압 회로에서의 제너다이오드

03 LED(발광 다이오드)

발광 다이오드(diode)는 순방향으로 전압을 인가했을 때 발광하는 반도체 소자이다. LED (light emitting diode)라고도 불린다. 발광 원리는 전계 발광 효과를 이용하고 있다. 또한 수명도 백열등보다 더 길다.

발광 다이오드의 색은 사용되는 재료에 따라서 다르며 자외선 영역에서 가시광선, 적외선 영역까지 발광하는 것을 제조할 수 있다.

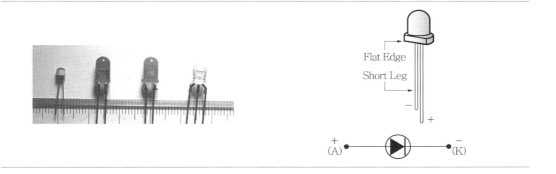

✅ LED 극성 찾기

1) 회로 시험기의 측정 레인지를 R×100으로 놓는다.
2) LED의 양 리드 단자에 회로시험기의 테스트 봉을 교대로 대어본다. 이 경우 한쪽 방향에서는 점등되고 다른 방향에서는 소등된다. 그렇지 않으면 불량이다.
3) 점등될 때를 기준으로 흑색 테스트 봉이 접속된 리드가 A(애노드, +)가 되고 적색 테스트 봉이 접속된 리드가 K(캐소드, −)가 된다.

04 (BJT) 트랜지스터

(1) 트랜지스터의 형명

2SC1815Y		
2	소자의 종류	0 : 포토 트랜지스터, 1 : Diode 2 : 트랜지스터(1-Gate FET), 3 : 2-Gate FET
S	반도체를 의미	Semi-conductor
C	사용 용도 표시	A : PNP형의 고주파용, B : PNP형의 저주파용 C : NPN형의 고주파용, D : NPN형의 저주파용
1815	등록 순서 번호	11부터 시작
Y	h_{fe}(전류 증폭률) 표시	0 : 70~140, Y : 120~240 GR : 200~400, BL : 350~700

실물	실물확대	PNP형	NPN형

(2) (NPN형) 트랜지스터의 극성 판별 및 양부 체크(analog 테스터기)

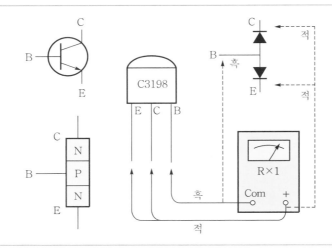

① R×1 또는 R×10에 위치하여 0점 조정

② 리드봉을 트랜지스터의 리드에 번갈아 대면서 순방향 상태를 체크한다(diode 순방향 상태를 참고). 이 때 두 경우에만 순방향 상태가 나타나는데 흑색 공통 단자가 Base 단자이다.

③ R×10K에 위치하고 Base를 제외한 나머지 두 단자에 리드봉을 갖다 대어 저항값이 움직일 때를 주시한다. 이 경우 흑색 리드봉이 Emitter이고 나머지가 Collector이다.
※ 주의 : 인체 저항이 나오지 않도록 주의한다.

• PNP 트랜지스터 극성 판별 : NPN형과 방법은 동일하고 리드봉이 적색에서 판별된다.

(3) 트랜지스터의 간편 극성 판별 및 양부 체크(digital multimeter ; DMM)

트랜지스터의 종류에 따라 리드의 내용이 다르기 때문에 정확한 극성을 찾기 위해서는 매뉴얼 또는 Datasheet를 참조하여야 하나, 일반적인 트랜지스터는 품명이 인쇄되어 있는 평평한 면을 기준으로 왼쪽이 Emitter인 경우가 많다. 이 경우 Base만 찾으면 리드의 극성을 간단히 판별할 수 있다.

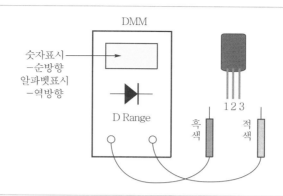

① 2(흑)-3(적)일 때와 1(흑)-3(적)일 경우가 순방향이면 3번이 Base이고 왼쪽부터 NPN 형 E B C

② 1(흑)-2(적)일 때와 3(흑)-2(적)일 경우가 순방향이면 2번이 Base이고 왼쪽부터 NPN 형 E C B

③ 2(적)-3(흑)일 때와 1(적)-3(흑)일 경우가 순방향이면 3번이 Base이고 왼쪽부터 PNP 형 E B C

④ 1(적)-2(흑)일 때와 3(적)-2(흑)일 경우가 순방향이면 2번이 Base이고 왼쪽부터 PNP 형 E C B

05 집적회로(IC ; Integrated Circuit)

(1) IC의 종류

IC는 그 형태나 용도에 따라 다양하고 그 수도 이루 헤아릴 수 없을 정도로 많다. IC를 몇 가지로 요약하면 Logic IC(gate용), Analog-선형 IC(OP-amp 등), Anlaog 비선형 IC, 정전 압용(레귤레이터) IC 등이 주로 사용되며 도면에는 주로 블록도 형태나, 심벌로 주어지고 각 사용 핀의 번호가 기록된다.

(2) IC 핀번호 찾는 방법

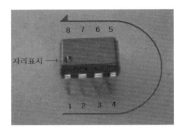

핀번호 읽기

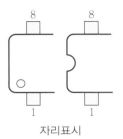

자리표시

(3) 3단자 정전압 IC(레귤레이터)의 리드

7805
통상 왼쪽부터 1-IN, 2-GND, 3-OUT이다.

78L05
7805와 반대

　　3단자 레귤레이터 역시 IC마다 핀번호와 IN/OUT/GND가 다를 수 있으므로 사용 전에 매뉴얼 등을 이용하여 확인 후 사용하여야 한다.

1.4 　스위치 및 계전기(relay)

01 Toggle Switch

• 2접점 / 3접점, 무극성

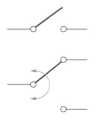

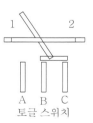

토글 스위치

02 Slide Switch

- 2접점(on/off용) / 3접점(선택용), 무극성

1 2
A B C
슬라이드 스위치

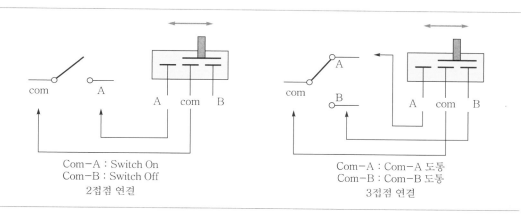

com   A   A   com   B

Com-A : Switch On
Com-B : Switch Off
2접점 연결

com   A   com   B
        A
        B

Com-A : Com-A 도통
Com-B : Com-B 도통
3접점 연결

03 Push Switch

- 2접점, 무극성

04 다중 선택 스위치

05 회로 차단기

그림 3.8 항공기용 회로차단기(좌측) 고압 소형 회로차단기(우측)

06 릴레이(relay)

작은 전류로도 큰 전류를 제어할 수 있는 동작 스위치로서 제어 또는 전원용 전력으로 출력하는 전력기기를 말한다.

(1) 구조

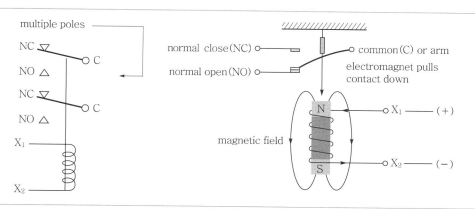

그림 3.9 릴레이의 회로 기호와 동작 원리

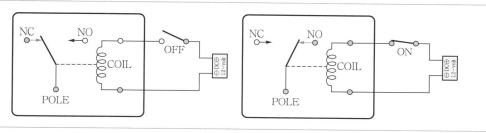

그림 3.10 릴레이의 회로 기호와 동작

코일에 전류가 흐르면 전자력이 발생하고, 그 힘으로 절편을 밀거나 당기게 함으로써 스위칭 역할을 하도록 하는 것이다.

- **COM(common)** : NO(normal open), NC(nomal close)와 공통으로 연결된 단자
- **NO(normal open)** : 코일이 동작 전 열려 있는 접점
- **NC(nomal close)** : 코일이 동작 전 닫혀 있는 접점
- **X_1, X_2** : 코일 단자

(2) 릴레이 접점 찾기

- **Coil 찾기** : 멀티미터의 저항 레인지를 $R \times 1[\Omega]$ 상태에서 50~100 사이의 값을 나타내는 접점이 Coil이 된다.
- **NO 접점 찾기** : Coil에 전원을 인가하지 않은 상태에서 두 단자의 저항값이 0일 때(buzz on) 두 접점은 Com-N/C이므로 접속되지 않은 접점이 NO이다.

• **NC 접점 찾기** : Coil에 전원을 인가한 상태에서 두 단자의 저항값이 0일 때(buzz on) 두 접점은 Com−N/O이므로 접속되지 않은 접점이 NC이다.

• **Com 찾기** : NO와 NC를 제외한 접점이 Com이다.

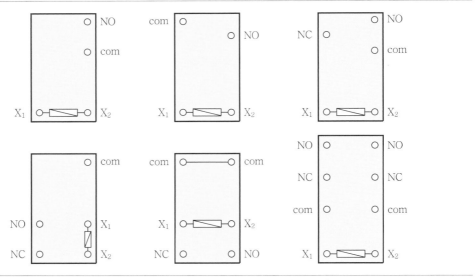

그림 3.11 Relay의 핀 수에 따른 각 접점의 위치

1.5 일반 소자

01 변압기

그림 3.12 변압기(입력단 좌측, 출력단 중앙)와 심벌

02 퓨즈(Fuse)

그림 3.13 퓨즈와 심벌(퓨즈의 정격표시는 [A])

03 DC 전원

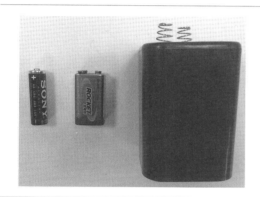

그림 3.14 건전지 및 직류 전원공급장치

CHAPTER 02 / 계측(측정) 및 측정기 사용법

2.1 계측과 오차

01 계측

어떠한 양을 기준량과 비교하여 그 크기를 수량적으로 나타내는 것을 계측(혹은 측정, measurement)이라고 하고, 그 때 사용하는 장치를 측정기(meter)라고 한다. Meter는 길이의 단위이지만 측정의 가장 기본이 되어 측정기를 의미하는 단어가 되었다. 전압을 측정하는 장비를 전압계(voltmeter)라고 부르며 여기서 계는 계측기(meter)를 의미한다. 단위는 물리적인 양을 수량적으로 표현할 때 기준이 된다. 국제적으로 표준으로 사용하는 것으로 MKS단위계가 있는데, 이는 단위의 종류 중 가장 기본이 되는 길이, 무게, 시간의 단위를 M(meter), kg(kilogram), Sec(second)로 표시하는 단위계로 이 세 개의 앞글자만 따서 부르는 이름이다.

02 오차와 보정

국가표준기본법 제14조 규정에 의해 멀티미터와 같은 측정기는 정확도를 유지하기 위해서 일정 시간 간격으로 교정을 받아야 한다. 교정은 예를 들면 비교적 정확한 GPS에 연결된 휴대전화의 시간을 기준으로 벽에 걸린 벽시계의 시간을 맞춘다는 의미로 생각하면 된다. 교정주기는 측정기의 정밀정확도, 안정성, 사용목적, 환경 및 사용빈도 등을 감안하여 과학적이고 합리적으로 기준을 설정해야 한다. 한국계량측정협회에서 권장하는 정밀측정 멀티미터의 교정주기는 12개월이다. 같은 사업장이라 할지라도 각 부서별로 측정기를 사용하는 작업환경과 측정범위 및 허용오차범위가 각기 다를 수 있으므로 일률적으로 교정주기를 설정하는 것은 불합리하므로, 적절한 교정주기를 설정하기 위해서는 일정기간 동안 각 부서별로 측정기 사용실태 및 측정값을 조사한 데이터를 기초로 하여 주기를 설정하는 것이 바람직하다. 즉, 측정주기는 각각에 따라 다를 수 있지만 일정한 주기를 가지고 교정을 받아야 하고 이를 명시해야 한다. 이는 교정주기가 지난 측정기의 경우는 이 측정기를 사용하여 측정하더라고 측정값을 신뢰할 수 없다는 의미이다.

구분	오차(ϵ)	보정(α)
정의	측정값과 참값이 어느 정도 다른가를 나타낸 것. 측정값이 M, 참값이 T라 하면 오차 $\epsilon = M - T$	측정값을 참값과 같게 하려면 얼마나 보정해야 하는가를 나타낸 것. 보정 $\alpha = T - M$
오차율 및 보정률	오차율 $= \epsilon / T$	보정률 $= \alpha / M$
백분율 오차 및 보정	백분율 오차 $= \dfrac{\epsilon}{T} \times 100[\%] = \dfrac{M-T}{T} \times 100[\%]$	백분율 보정 $= \dfrac{\alpha}{M} \times 100[\%] = \dfrac{T-M}{M} \times 100[\%]$
특징	보정값 α와 오차 ϵ는 크기는 같고 부호는 반대가 된다.	

우리가 시계를 보고 시간을 알 때(시간측정)는 현재 있는 지역의 표준시간과의 차이(측정물 자체의 오차), 시계 자체의 오차(측정기의 오차), 시간을 보는 사람이 시간을 잘못 읽어서 생긴 오차(측정자에 의한 오차)를 전부 감안하고 읽어야 한다. 따라서 시계에서 보내는 정보(시간)가 정확하다고 말을 하기는 힘들 것이다. 저항 측정 시에도 이런 오차를 감안해야 한다. 저항은 제작 시 허용오차를 가지고 만들어진다. 즉, ±5%의 오차를 가지는 100Ω의 저항은 제작 당시에도 저항값이 95~105Ω 사이이다. 저항값을 결정하는 4가지 요소 중 외부 환경에 의한 값인 온도도 있다. 물론 일반적인 온도범위에서 온도에 의한 저항값의 차이는 크지 않다. 그러나 측정에 사용하는 멀티미터 자체의 오차는 무시하기 힘들 정도이다. 새로 구매한 멀티미터의 경우 제품 사용설명서(manual)나 제품인증서에 오차를 표시하였으므로 참조하면 되고, 교정을 한 상태라면 교정 시 해당 멀티미터의 측정오차를 교정 데이터에 포함하므로 알 수 있다.

보정은 측정값에서 미리 알고 있는 값을 적용하여 측정값을 읽는 것을 의미한다. 예를 들어서 시계를 5분 빨리 맞추어 놓은 상태에서 시계가 1시 25분을 지시한다면 현재 시간은 1시 20분이라는 것을 알 수 있다. 시계(측정기)가 지시하는 값과 실제 시간(측정값) 차이를 계산하는 작업이다. 예로 든 시계와 같이 측정기 자체의 오차, 공간적인 오차, 온도에 따른 오차 등이 보정 대상이 된다.

03 확도, 정도, 감도

① **확도** : 계측값이 참값과 어느 정도 일치하는가 하는 정도를 나타내는 값
② **정도** : 계측기로 미지량을 계측하는 경우에 어느 정도 미세하게 계측할 수 있느냐를 나타내는 것
③ **감도** : 계측기가 눈금에서 지시할 수 있는 최댓값

04 계측하는 방법으로 인한 오차

① **개인 오차** : 계측의 부주의에 의하여 발생, 계측기의 눈금을 잘못 읽거나, 부정확한 조정, 부적당한 적용 및 계산의 실수 등

② **계통 오차** : 계측기 자체가 결함인 눈금의 부정확, 부품의 마멸 등으로 인한 것과, 계측 장치나 사용자에 대한 환경의 영향, 즉 온도, 외부 자기장, 진동 등

③ **우연 오차** : 개인 오차나 계통 오차를 제거하여도 오차는 발생하는데 이러한 원인으로서는 미세한 계측 조건의 변동, 계측자의 주의력 동요 등에 의한 오차

2.2 Multi-Meter

01 Multi-Meter의 외형

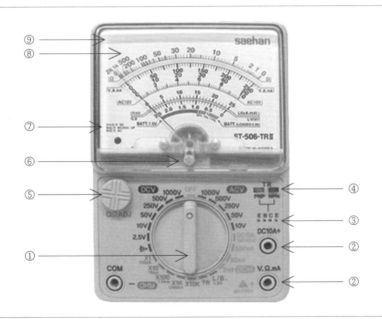

① **레인지 선택 스위치** : 저항/ 전압/전류 측정 레인지를 선택하기 위한 스위치

② **입력 단자** : 직류(교류)전압/직류전류/저항을 측정하기 위한 입력 단자로 적색 리드봉을 삽입한다. 위쪽 입력 단자는 10A 이상의 고전류를 측정하기 위한 전용 입력 단자이며, 좌측 COM 단자는 흑색 리드봉을 삽입한다.

③ **트랜지스터 검사 소켓** : 트랜지스터 검사시 소켓에 표시된 각 극성 간의 정확한 위치에 시험할 트랜지스터의 극성을 맞추어 삽입한다.

④ **트랜지스터 극성 판별 지시 장치** : 녹색 점등일 때 양품의 PNP형 트랜지스터, 적색 점등일 때 양품의 NPN형 트랜지스터이다. (단, 적색/녹색 램프가 모두 점멸시 트랜지스터가 극간 단선 상태, 2개의 램프가 점멸되지 않으면 컬렉터-에미터간 단락 상태이다.)

⑤ **"0"Ω 조정** : 저항계 사용시 지침이 Ω 눈금의 "0"점에 정확히 오도록 조정해야 저항 측정시 오차를 줄일 수 있다. (레인지 선택 스위치를 저항 레인지의 "×1"로 위치하고 두 리드봉을 교차하고 지침이 오른쪽 방향의 "0"점 위치하도록 한다.)

⑥ **지침 "0"점 조정** : 측정 전 반드시 지침이 왼쪽 "0"점에 있어야 한다. "0"점이 맞지 않으면 측정 오차가 발생한다.

⑦ **내장형 가동 코일형 미터** : 가동 코일형 계기, 정류기가 포함되어 있음을 표시한다.

⑧ **눈금판** : 약 90[mm](3.5inch) 90° 원호 및 칼날 지침의 눈금판

⑨ **케이스** : 고충격성 플라스틱 사용

02 전기적 특성(예. ST-506TR)

건전지 규격	AA 1.5V+2개+9V 1개
작동온도	0~30도(상대습도 80% 이하)
보관온도	-10~50도(상대습도 70% 이하)
규격	106(L)×155(W)×34(H)mm, 약 280g(배터리 포함)
부속품	사용설명서, 배터리, 테스트코드, 케이스
퓨즈	250V 1A

측정	측정범위	정확도
직류전압 DCV	0-0. 1-0.5V-2.5V-10V-50V-250V-1000V	최대치의 3%
직류전류 DCmA	5mA-50mA-500ma-10A	최대치의 3%
교류전압 ACV	0-10V-50V-250V-1000V(MAX 750V)	최대치의 3%
저항 Ω	x1 : 0~0.2Ω~2kΩ Center 20Ω x10 : 0~2Ω~20kΩ Center 200Ω x100 : 0~20Ω~200kΩ Center 2kΩ x1k : 0~200Ω~2MΩ Center 20kΩ x10k : 2kΩ~20MΩ Center 200kΩ	최대치의 3%

03 가동코일형 계기의 동작 원리와 영점 조정

저항 측정 시 많이 사용하는 방법으로는 측정하려는 저항에 전압을 인가한 다음에 흐르는 전류를 이용하여 지시 바늘이 움직이고 뒷부분에 저항값을 적어놓아서 이것을 읽어 저항값을 표시하는 방법이 많이 사용되고 있다. 지시 바늘이 움직이는 원리는 그림 3.15와 같다. 전류에 의해 지시바늘과 연결된 가동코일의 자기 세기가 달라지고, 고정된 자석과 가동코일의 자기에 의해 힘이 작용해 지시바늘이 움직인다. 스프링 부분은 자기적인 힘이 없을 때 원 상태로 돌려주는 기능을 한다.

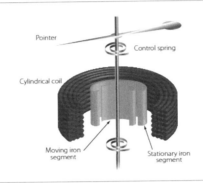

그림 3.15 가동코일형 계기의 동작 원리

저항은 앞에서도 설명했듯이 전기의 흐름을 방해하는 정도를 수치로 표현한 것이다. 옴의 법칙에 의해 전압이 고정된 상태에서 전류가 많이 흐른다는 것은 저항이 작다는 것을 의미하고, 전류가 적게 흐른다는 것은 저항이 크다는 것을 의미한다. 따라서 멀티미터 표시부의 검정색 숫자 패널 부분의 0은 왼쪽에 있는 반면 저항을 의미하는 파란색 부분의 0은 오른쪽에 있다.

그림 3.16 멀티미터의 표시부(눈금계)

멀티미터에서 인가하는 전압에 의해 생성된 전류가 최대치일 경우에 저항은 0Ω이 되고, 전류가 흐르지 않을 때 ∞(무한대)가 된다. 바늘이 하나이기 때문에 바늘을 움직일 수 있는 전류는 고정된 상태이고, 저항의 측정 범위는 설정부에서 보듯이 여러 개이므로, 저항의 측정 범위에 따라서 연결되는 션트저항이 변경될 것이다. 또한 설정값에 따라 흐를 수 있는 전류의 최댓값은 변경된다. 즉, 저항 측정 시 기준이 되는 0Ω을 지시 바늘이 지시하지 못할 수 있다. 이 경우 0Ω의 저항에서 0Ω을 지시하게 맞추어 주어야 하고, 이 작업을 영점조절(zero point adjustment)이라고 한다. 영점조절을 할 때는 표시부의 회전 선택 스위치 옆에 있는 0Ω ADJ 스위치를 이용한다.

04 회로 시험기 사용 방법

(1) 회로 시험기 사용시 주의사항

① 고압 측정시 계측기 사용 안전 규칙을 준수한다.

② 측정 전 계측기의 지침이 "0"점에 있는지 확인한다.

③ 측정 전 레인지 선택 스위치와 리드봉이 적정 위치에 있는지를 확인한다.

④ 전압이나 전류 측정시 측정 위치의 값을 모르면 제일 높은 레인지에서부터 선택하여 낮은 레인지로 이동한다. (단, 저항은 낮은 레인지에서부터 측정하여 높은 레인지로 조절하며 측정)

⑤ 측정이 끝나면 피 측정체의 전원을 끄고 반드시 레인지 선택 스위치를 off 한다.

(2) 회로 시험기 측정 방법

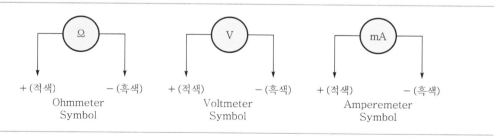

그림 3.17 Meter Symbol

- 저항계는 회로에 인가되는 전원을 차단한 후에 측정단자 사이에 회로시험기를 병렬로 연결

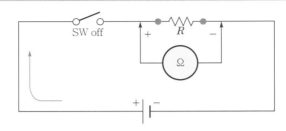

그림 3.18 저항계 연결 방법(전원은 제거 - SW off)

- 전압계는 회로와 회로시험기가 병렬로 연결

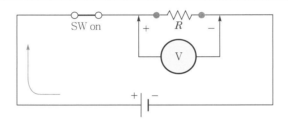

그림 3.19 전압계 연결 방법

- 전류계는 회로와 회로시험기가 직렬로 연결

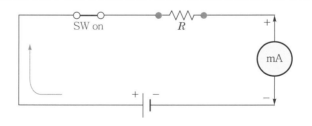

그림 3.20 전류계 연결 방법

05 측정값 판독

회로 시험기를 이용하여 측정해서 다음 그림과 같은 눈금치를 판독하였다면 측정값은 얼마일까? 측정값은 선택 스위치의 배율과 눈금의 지시값을 통해 측정된다. 만약 다음 그림과 같이 눈금값이 지시되었다고 가정하자

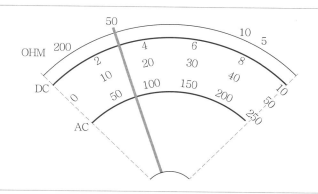

① **저항(Ω) 측정 시** : 레인지의 선택값이 "×10"일 경우

　저항값은 눈금의 지시치인 50과 레인지 값의 곱으로 결정되므로 500Ω으로 측정된다.

② **직류/교류 전압(DCV / ACV) 측정 시** : 레인지의 선택값이 "10"일 경우

　전압값은 눈금의 지시치(0~10)와 레인지의 배율로 정해지는데 이 때 배율은 "×1"이
다. 따라서 측정 전압값은 3(눈금)×1(배율)=3V로 측정된다.

③ **직류 전류(DCmA) 측정 시** : 레인지의 선택값이 "25"인 경우

　전류값도 눈금의 지시치와 배율로 정해지는데 이 경우 눈금은 0~250 사이의 눈금을
읽어야 하며, 배율은 1/10이 된다. 따라서 눈금이 약 75 정도를 지시하고 있으므로
측정 전류값은 75(눈금)×0.1(배율)=7.5mA로 측정된다.

[연습] 회로시험기를 이용한 측정값 기록(단, 눈금값은 앞의 그림과 같다.)

저항(Ω) 측정		전압(DCV/ACV) 측정		전류(DCmA) 측정	
선택 스위치	측정값	선택 스위치	측정값	선택 스위치	측정값
×1		2.5V		2.5mA	
×10		10V		5mA	
×100		50V		50mA	
×1k		250V		10A	
×10k		5,000V			

2.3 직류 측정기

01 직류 측정기(DC measuring instruments)

전기측정기의 원리를 정확히 이해해야 전기측정기를 통해 항공기 전기회로의 수리, 정비, 고장탐구를 할 수 있다. 전기측정기의 목적은 회로에 존재하는 전기의 양을 측정하는 것이기 때문에 기본적으로 전기측정기가 회로에 연결되었을 때 그 회로의 특성을 변화시키지 않아야 한다. 전기측정기는 자려식(self)과 타려식(excited)으로 구분할 수 있다. 자려식은 측정기 내의 전원으로 작동하는 방식으로 저항계에 사용되고, 타려식은 계측기에 연결된 회로로부터 전원을 얻어 사용하는 방식으로 전압계와 전류계에 사용된다. 저항계는 측정기에서 전압을 주고 그때 흐르는 전류로 지시바늘을 움직이는 방식이다. 가장 일반적인 아날로그 계측기는 전자기의 원리로 작동한다. 측정기의 기본 동작원리는 전류로 만들어내는 자기장과 영구자석의 자기장의 상호작용이다. 전자석의 코일을 관통하는 전류가 커질수록 강한 자기장이 발생한다. 더욱 강한 전계는 코일의 더 큰 회전을 일으킨다. 프랑스의 과학자 다르송발(D'Arsonval)에 의해 처음 쓰인 기본적인 직류 측정기는 전류계, 전압계, 저항계에서 사용되는 전류 측정 장치이다. 지시바늘은 코일을 관통한 전류의 양에 비례하여 움직인다.

02 전류계(ammeter)

그림 3.21 직류 전류계

측정기의 전류감도는 지시바늘이 최대치일 때의 전류의 양이다. 예를 들어서 1mA 감도를 갖고 전류계가 있다고 하면 이 장치는 전체눈금지시로 지시바늘을 이동시키는 데 1mA의 전류가 필요하다는 것이고, 지시바늘이 전체 중 반을 움직이려면 0.5mA의 전류가 필요할 것이다. 그림 3.22에서는 1mA의 전류감도와 50Ω의 내부 저항(internal resistance)을 갖는 전류계를 나타내었다. 만약 이를 이용하여 1mA 이상의 전류를 측정하려면 측정 한계인 1mA를 초과하는 나머지의 전류는 전류계가 아닌 다른 길을 이용하여 흘러야 한다.

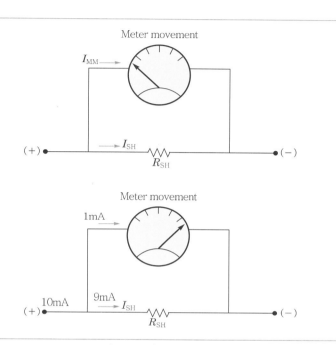

그림 3.22 기본 전류 측정기

이는 전류가 흐를 수 있는 다른 길이 필요하다는 의미이고, 다른 길은 전류계에 저항을 병렬로 연결한 것을 의미한다. 이렇게 연결된 저항을 분류기(shunt, 그림에서 R_{SH}로 표시된 저항)라고 한다. 분류기의 목적은 계측기의 전류제한을 초과하는 전류를 우회(bypass)시키기 위한 것이다. 예를 들어서 그림 3.22의 아래 회로처럼 1mA 계측기로 10mA을 측정한다고 가정하면, 분류기에는 10mA−1mA＝9mA의 전류가 흘러야 하고, 나머지 1mA은 전류계로 흘러야 한다. 전류계에는 내부 저항(R_{MM})이 있고 전류(I_{MM}, 계기의 감도)가 흐르므로 옴의 법칙에 의해 전압이 걸릴 것이다. 마찬가지로 션트저항(R_{SH})에는 션트전류(I_{SH})가 흐르므로 션트저항에는 전압이 걸린다. 전류계와 션트저항은 병렬 연결되어 있으므로 전압이 같다. 전류계에 걸리는 전압은 $V = IR$에 따라 내부저항과 계기의 감도의 곱으로 나타낼 수 있고, 션트저항에 걸리는 전압은 션트전류와 션트저항의 곱으로 나타낼 수 있다. 이를 수식으로 나타내면 다음과 같다.

$$I_{MM} \times R_{MM} = I_{SH} \times R_{SH}$$

여기서 션트저항을 계산하기 위해서 수식을 변경하면 다음과 같다.

$$R_{\mathrm{SH}} = \frac{I_{\mathrm{MM}} \times R_{\mathrm{MM}}}{I_{\mathrm{SH}}} = \frac{계기의 \ 감도 \times 내부저항}{션트전류}$$

예로 들었던 수치를 이 수식에 대입하면 다음과 같다.

$$R_{\mathrm{SH}} = \frac{1\mathrm{mA} \times 50\Omega}{9\mathrm{mA}} \fallingdotseq 5.56\Omega$$

(1) 다중 범위 전류계

션트 저항을 변경할 수 있으면 다양한 전류 범위에서 측정이 가능하고, 이렇게 만든 장비가 다중 범위 계측기이다. 그러기 위해 각각의 범위는 서로 다른 션트저항을 활용해야 한다. 만약 100mA 범위를 측정하려면 다음 식과 같이 션트저항을 계산할 수 있고, 그림 3.23과 같이 회로를 구성할 수 있다.

$$R_{\mathrm{SH}} = \frac{1\mathrm{mA} \times 50\Omega}{99\mathrm{mA}} \fallingdotseq 0.51\Omega$$

이 회로에서 스위치를 위로 설정하면 10mA의 전류 범위까지 측정할 수 있고, 스위치를 아래로 선택하면 100mA까지 전류 측정이 가능하다. 이런 방식으로 회전 선택 스위치를 이용하여 여러 가지의 회로 중 한 개의 회로에 연결할 수 있게 제작하면 여러 범위의 전류를 측정할 수 있다.

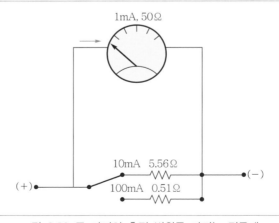

그림 3.23 두 가지의 측정 범위를 가지는 전류계

(2) 전류계 사용 시 주의사항

① 전류를 측정하기 위해 전류계를 회로에 연결할 때는 항상 직렬로 연결한다.

② 절대로 배터리나 발전기와 같은 전압 공급원에 직접 전류계를 연결하지 않는다. $V = IR$ 이므로 아무리 낮은 전압이라도 저항이 충분히 낮다면 큰 전류가 흐를 수 있고, 전류계의 감도(측정한계) 이상으로 전류가 흐를 경우 전류계는 손상될 수 있다.

③ 전류를 측정할 때는 전류의 값을 예상하고 이보다 큰 범위의 전류계를 사용해야 한다. 전류의 값을 예상하기 어려운 경우는 충분히 큰 범위의 전류계를 사용해야 안전하게 사용할 수 있다.

④ 회로에 전류계 연결 시에는 극성을 주의하여야 한다. 반대로 연결 시 전류가 반대로 흘러 지시 바늘이 반대로 움직이고, 이는 지시바늘 휨의 원인이 된다.

03 전압계(Voltmeter)

(1) 전압계 측정원리

그림 3.24 직류 전압계

전압계도 전류계와 같은 원리로 작동시킬 수 있다. $V = IR$이므로 측정하려는 전압과 내부저항에 의해 전류가 흐르고 이를 이용해서 지시바늘을 움직일 수 있다. 다만 전체 전류가 전압계를 직접 통과해야 하므로 내부저항은 전류계보다 훨씬 큰 값이 되어야 한다. 전압계도 전류계와 마찬가지로 저항을 이용하여 측정 범위를 나누어 줄 수 있다. 다만 전류를 나눠주기 위해서 전류계에 션트저항을 병렬로 연결하였지만, 전압을 나눠주기 위해서는 저항을 전압계와 직렬로 연결해야 한다. 이는 저항의 직렬연결과 병렬연결 시 전압과 전류의 분배가 되는 원리를 생각하면 당연한 결과이다. 이 저항을 배율기저항이라고 부르고, 그림 3.25에는 R_M으로 표시되어 있다.

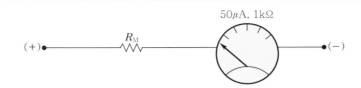

그림 3.25 기본적인 전압계

옴의 법칙에 의해 배율기 저항이 없는 상태에서 이 전압계의 최대 표시 가능한 전압의 범위는 $50\mu A \times 1K\Omega = 50mV$이다. 만약 이 전압계를 이용해서 1V의 전압을 측정하려고 하려면 R_M에 $1000mV - 50mV = 950mV$의 전압이 걸려야 하고, 직렬연결에서 전압의 분배는 저항에 비례하므로 $50mV : 950mV = 1k\Omega : 19k\Omega$가 되어 배율기의 저항은 $19k\Omega$이 되어야 한다.

(2) 다중 범위 전압계

전류계에서와 마찬가지로 배율기의 저항을 변경하면 더욱 많은 범위의 전압을 측정할 수 있다. 측정기의 최대 허용 가능 전류는 무조건 $50\mu A$이므로, 측정범위를 높이기 위해서는 저항을 변경해야 한다. 그림 3.26과 같이 10V 범위까지 측정하려고 하면 전체 저항 $R_T = 20k\Omega$ /V $\times 10V = 200k\Omega$이다. 여기서 저항은 직렬로 연결되므로 1V 범위에 대한 전체저항인 $R_{M1} + R_{MM} = 19k\Omega + 1k\Omega = 20k\Omega$을 제외하면 R_{M2}는 $180k\Omega$이 될 것이다. 이렇게 회로를 구성하면 스위치에 따라 최대 1V 범위와 10V의 범위에서 측정 가능한 전압계를 만들 수 있다.

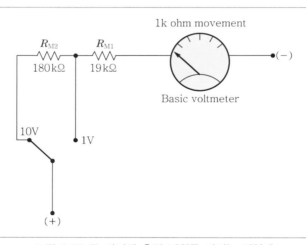

그림 3.26 두 가지의 측정 범위를 가지는 전압계

(3) 전압계 사용 시 주의사항

① 전압을 측정하기 위해 전압계를 회로에 연결할 때는 항상 병렬로 연결한다.

② 전압을 측정할 때는 전압의 값을 예상하고 이보다 큰 범위의 전압계를 사용해야 한다. 전압의 값을 예상하기 어려운 경우는 충분히 큰 범위의 전압계를 사용해야 안전하게 사용할 수 있다.

③ 회로에 전압계 연결 시에는 극성을 주의하여야 한다. 반대로 연결 시 지시 바늘이 반대로 움직이고, 이는 지시바늘 휨의 원인이 된다.

④ 전압계는 병렬로 연결되므로 션트작용을 방지하기 위해 내부저항이 크다.

2.4   절연저항 측정기(HIOKI IR4057)

절연저항(insulation resistance)은 장비의 케이스(case)가 전기적으로 전기를 사용하는 부분과 연결되었는지 확인하기 위해 측정한다. 케이스에 전기가 흐르면 사용자가 감전될 수 있다. 가정용 전자제품의 경우 이를 원천적으로 차단하기 위해서 전자제품의 케이스를 절연체인 플라스틱으로 만들거나 도체인 경우에는 케이스에 절연체인 페인트를 칠해 절연을 시킨다. 산업용 장비나 항공기용 장비는 외형보다는 튼튼함이 최우선이기 때문에 금속 케이스를 사용하고 이를 그대로 노출시키는 경우가 많다. 따라서 절연저항을 반드시 확인하여야 한다.

01 절연 저항기(IR4057)의 외형과 전면부 구성

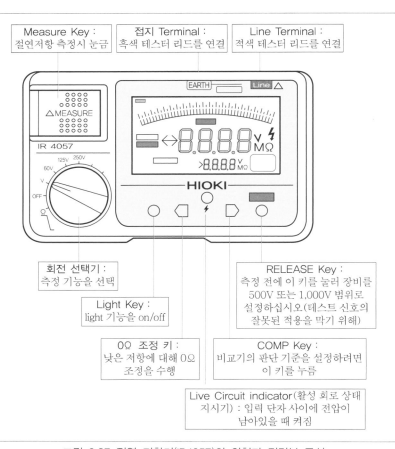

Measure Key : 절연저항 측정시 눈금	접지 Terminal : 흑색 테스터 리드를 연결	Line Terminal : 적색 테스터 리드를 연결

회전 선택기 : 측정 기능을 선택

Light Key : light 기능을 on/off

0Ω 조정 키 : 낮은 저항에 대해 0Ω 조정을 수행

RELEASE Key : 측정 전에 이 키를 눌러 장비를 500V 또는 1,000V 범위로 설정하십시오(테스트 신호의 잘못된 적용을 막기 위해)

COMP Key : 비교기의 판단 기준을 설정하려면 이 키를 누름

Live Circuit indicator(활성 회로 상태 지시기) : 입력 단자 사이에 전압이 남아있을 때 켜짐

그림 3.27 절연 저항기(IR4057)의 외형과 전면부 구성

Measured value or Comparator reference value

그림 3.28 IR 4057의 Display

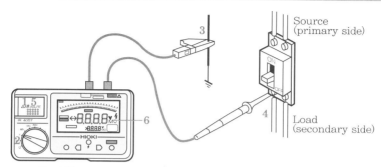

02 절연저항 측정 방법

Ex. When measuring the insulation resistance between circuit and ground

① "MEASURE KEY"가 위로 당겨진 위치에 있으면 아래로 누름

② 회전 선택기를 500V~1,000V의 테스트 전압으로 설정

　　500V 또는 1,000V 범위에서 "500V/1,000V RELEASE KEY"를 눌러 잠금을 해제

③ 검정색 테스트 리드를 측정 대상 물체의 접지면에 연결

④ 적색 테스트 리드를 측정할 라인에 연결

⑤ "MEASURE KEY"를 누른다. (지속적인 측정을 하려면 버튼을 위로 당깁니다.)

⑥ 지시계가 안정된 후에 값을 측정

⑦ 테스트 리드가 측정 대상에 연결되어 있는 동안 측정 키 끄기

⑧ 최종 측정값이 "Hold"와 함께 표시되고 방전이 시작

⑨ "Flashs (번개 모양)"이 사라지면 측정이 완료

[주의] • 항상 측정 라인의 차단기를 끈다.

　　　• 측정하는 동안 다른 기능으로 선택기를 돌리지 않는다.

　　　• 500V 및 1,000V 범위에서 측정 중에 약 1분 동안 아무런 작동이 없을 때 기기가
　　　　잠금 상태로 돌아간다. 측정을 계속하고 싶다면 "500V/1,000V RELEASE KEY"
　　　　를 다시 눌러 잠금을 해제한다.

03 전압 측정 방법

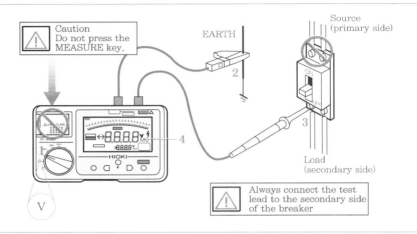

① 회전 선택기를 사용하여 V 기능 선택
② 검정색 테스트 리드를 대상물의 접지면에 연결
③ 적색 테스트 리드를 차단기의 라인 측에 연결
④ 표시기가 안정화된 후 값을 읽음

[주의] • 전압 측정 시 "MEASURE KEY" 누르지 않는다.
　　　 • Line Test Lead는 반드시 차단기 2차측에 연결한다.

04 저저항 측정 방법(변압기 또는 전동기의 권선저항 측정 시 활용)

① 회전 선택기를 Ω 기능으로 설정
② 시험 리드의 단락
③ "MEASURE KEY"를 당김
④ 시험 리드의 단락
⑤ "0Ω 조정기" 버튼을 누른다.
⑥ 테스트 리드를 측정 대상 물체의 접지면에 연결
⑦ 측정 키를 누르고 표시된 값을 측정
⑧ 사용 후 "MEASURE KEY" off

[주의] • 회로 상태에서 측정하지 않는다.

2.5 오실로스코프

01 TDS2002B Digital 오실로스코프의 주요 구성

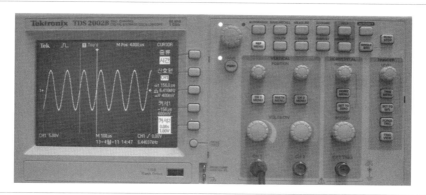

그림 3.29 TDS2002B Digital 오실로스코프

①	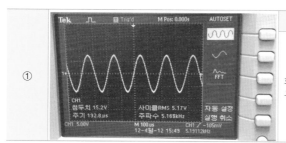	**DisPlay Panel부/Sub function부** 화면 오른쪽 메뉴를 선택 조절할 경우 해당 Sub function 부 버튼을 토글링하면서 조절
②		**Main function부** • [Measure] – 화면에 측정값들을 원하는 값으로 보고자 할 때 사용한다(피크값, 실효값, 주기, 주파수 등). • [Cursor] – 커서를 사용하여 값을 직접 측정할 수 있다 (진폭, 주기 등). • [Autoset] – 자동적으로 파형을 최적 상태로 보여준다. • [Run/Stop] – 파형을 순간적으로 정지시키고자 할 때 사용한다.
③	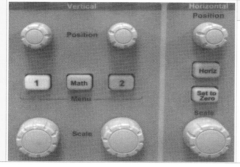	**Vertical Mode(수직 동기부)** • [Position] – 상하 이동 • [1]/[Math]/[2] 채널 메뉴(커플링, 전압 눈금, 프로브 배율, 반전 등) • [Scale] – Volt/Div • Horizontal Mode(수평 동기부) • [Position] 좌우 이동 • [Scale] – Time/Div

④		Trigger Mode(수직 동기부)
		• [Level] – 동기 위치 조정. ※ 파형이 정지하지 않고 흐르는 경우 Hold-Off와 함께 사용

02 5604 Analog 오실로스코프 주요 구성 요소

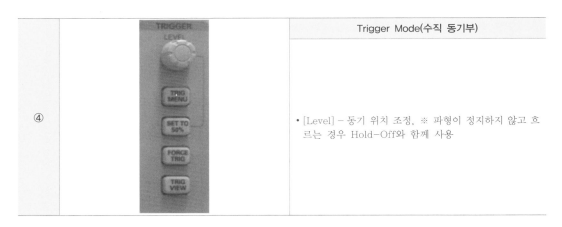

① **CAL** : 교정 전압 단자, Probe의 방형파 특성 조정 및 수직축 Gain 교정에 사용 (calibration)

② **Vertical Mode**

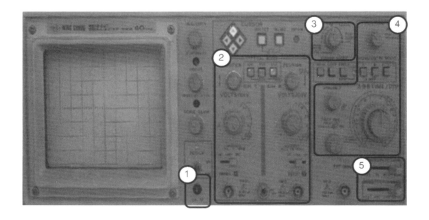

채널 선택 버튼		수직 입력 절환 스위치	
CH1 상하 위치 조정 CH2에는 인버터 기능도 포함 (pull on)		(안쪽) Volt/Div (돌출부) 수직 감쇠기 미조정 Nobe : Pull on 시 수직축 이득이 5배	

③ Trigger Mode

(안쪽) Hold-Off : Hold-Off 시간을 가변
(돌출부) Trigger Level : 동기 위치 조정. ※ 파형이 정지하지 않고 흐르는 경우 Hold-Off와
　　　　　　함께 사용

④ Horizontal Mode

수평축 위치 조정 : Pull on 시 수평
축 이득이 10배 확대

소인(sweep) 시간의 미세 조정기 :
반드시 CAL 방향에 위치시키고 측정

Time/Div

⑤ Coupling / Source

Coupling : 동기신호의 결합 방식을 선택하는 스위치
Source : Trigger 회로의 Trigger 신호원을 선택하는 스위치
(주의 : 외부 동기를 사용하지 않을 경우 AC 및 CH1이 Default 상태임)

03 Calibration 조정법(CAL 0.5V인 경우)

　Analog 타입의 오실로스코프인 경우 사용 전 직전 사용자의 오조작으로 인한 수직 및 수평축
이 어긋나 있는 경우가 있다. 따라서 측정을 하기 전에 교정이 반드시 선행되어야 한다. 이를
위해서 CAL를 이용하는데 스코프 내의 표준 신호를 사용한다. (CAL 0.5V인 경우 : 방형파,
1KHz, 0.5Vpp)

① 오실로스코프 ⇒ [Power on]
② 채널 선택 버튼 ⇒ [CH1]
③ 측정용 Probe를 CH1 Input에 끼우고 적색을 CAL에 흑색을 접지에 연결한다.
④ 화면 조정 단자를 조정하여 파형이 가장 선명하게 조정한다.
⑤ CH1의 수직 입력 절환 스위치 ⇒ [GND]
⑥ 수직, 수평 위치 조정 단자를 조정하여 파형이 정중앙에 오도록 조정한다.
⑦ CH1의 수직 입력 절환 스위치 ⇒ [AC]

⑧ CH1의 Volt/Div ⇒ 0.1V, Time/Div ⇒ 0.5ms

⑨ 이 때 Source ⇒ [CH1], Coupling ⇒ [AC]

⑩ 화면을 보면서 수직 감쇠기 미조정 노브를 조정하여 파형의 상하 높이가 5cm가 되도록 조정

⑪ 화면을 보면서 수평부 Variable 노브를 조정하여 파형의 좌우 한 주기가 2cm가 되도록 조정

⑫ 파형이 정지하지 않고 흐르는 경우 Hold-Off/Trigger Level를 이용하여 파형을 정지한다.

⑬ CH2도 같은 방법으로 조정한다.

04 측정값 읽기

$$V_{pp} = Volt/DIV \times cm, \quad T[s] = Time/DIV \times cm$$
(단, T는 주기이고 f는 T의 역수이다.)

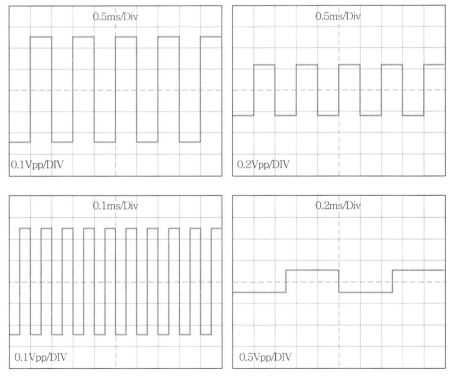

위의 그림은 모두 방형파, 1KHz, 0.5V$_{pp}$인 동일 파형이다.

05 오실로스코프 사용 시 반드시 알아두어야 할 사항

(1) "Vertical Mode" – 수직부

① **상하 Position** : 파형을 위, 아래로 이동한다.

② **Volt/Div** : 파형의 수직축 측정 레벨을 조정한다.

③ **AC/GND/DC 절환 스위치 또는 버튼** : 측정 모드를 결정한다.

(Digital scope는 화면상에 AC : ∿, GND : ⊓, DC : ═ 로 표시된다.)

단, 수직 감도 미조정 노브는 Analog scope에만 존재하고 Digital scope는 채널 메뉴에 [프로브 감도]를 이용하여 조정하여야 하지만 가급적 사용하지 않거나 "×1"로 놓아야만 한다.

(2) "Horizontal Mode" – 수평부

① **좌우 Position** : 파형을 좌, 우로 이동한다.

② **Time/Div** : 파형의 수평축 측정 레벨을 조정한다.

단, Variable 노브는 아날로그 scope에만 있으나 CAL 위치로 조정해야 한다.

(3) "Trigger Mode" – 트리거부

① **Trigger Level** : 동기 위치 조정

② **Hold Off** : Hold-Off 시간을 가변

단, 디지털 scope는 Run/Stop 버튼을 이용한다.

2.6 Analog Scope와 Digital Scope의 차이

Analog Scope는 반드시 사용 전에 Calibration을 조정을 하여야만 한다. 이때 Panel에 있는 버튼 혹은 노브들이 "×5"에 놓여져 있는지 확인한다. 그러나 Digital scope는 Calibration 조정없이 [Autoset] 버튼으로 모든 조정이 한 번에 이루어지나 채널 메뉴를 통해 [커플링] 혹은 [프로브 감도] 등을 다시 한번 확인해 봐야 하고 모든 수치들은 화면상에 표시되어 있음을 알아야 한다.

Bread-board 활용법

3.1 만능기판

회로를 구성할 수 있는 판(보드, board)은 사용하는 용도에 따라서 크게 만능기판, Bread-board(bread board), 인쇄회로기판(PCB, printed circuit board)으로 구분할 수 있다. 그림 3.30은 만능기판 중 한 종류의 사진이다. 만능기판은 용도와 재질에 따라 다양한 크기와 색으로 구성되어 있고, 사용하는 용도에 따라서 휘어지는(flexible) 재질도 있다.

만능기판은 앞면(위)과 뒷면(아래)으로 구분할 수 있는데, 앞면은 부품을 고정시키기 위해 전자부품의 금속 도선(lead)이 들어갈 수 있는 구멍만 뚫려있고, 뒷면은 그 전자부품을 고정시키기 위해서 구멍 주위에 동판을 접착해 놓은 형태이다. 동판은 납땜에 의해 전자부품의 금속 도선과 연결된다.

그림 3.30 만능기판(위 부품면, 아래 동판면)

3.2 Bread-board의 외형 및 내부 구조

연구 단계나 개발 단계에서 회로를 구성할 때 주로 사용하는 것이 그림과 같은 형태의 Bread-board이다. 그림 3.31 (a)는 Bread-board의 외형이며 (b)는 Bread-board의 내부 구조를 나타낸 것이다. 그림 (b)에서 ①은 전원 버스부(가로 방향)이고, ②는 소자 연결부(세로 방향)이다. 따라서 동일 선상에는 부품을 연결하지 않는 것이 바람직하다.

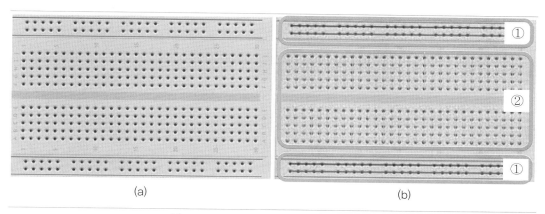

(a)   (b)

그림 3.31 Bread-board의 외형 및 내부 구조

3.3 Bread-board에 전선 및 부품 연결 방법

Bread-board에 부품이나 전선(jump)을 연결할 경우에는 각 부품의 크기(size)를 고려하고 점퍼선이 보드에 밀착하도록 연결한다.

01 전선과 부품의 연결

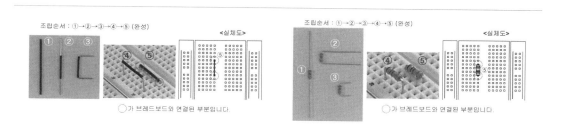

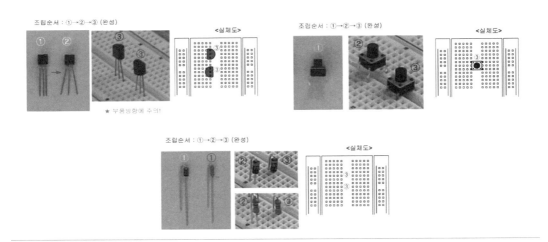

02 Bread-board에 회로 조립 방법

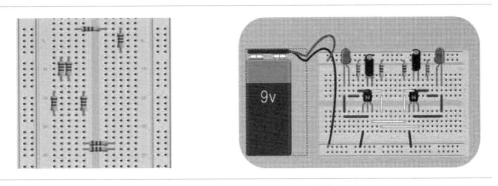

그림 3.32 Bread-board에 회로 조립 방법

연결 초기 상태　　　　　복잡한 연결 상태　　　　　간단 연결 상태

03 Bread-board에 주의사항

① IC는 가급적 중앙에 배치한다.

② 부품의 리드선은 가급적 부품 사이즈에 맞춰 조립한다.

③ 부품들 간에는 절대 교차하지 않는다.

④ 전선들 간에도 절대 교차하지 않는다.

⑤ 불가피한 경우를 제외하고는 전선은 피복을 입혀 조립한다.

⑥ 전선은 가급적 Bread-board판에 밀착시켜 조립한다.

⑦ 불가피한 경우를 제외하고 2블록 이상의 전선 연결은 피한다.

⑧ 사선 연결은 피한다.

⑨ 부품간 연결은 최소의 전선만을 사용하고 가장 최단 거리로 연결한다.

4.1 납땜(soldering)이란?

납땜이란 전자기기 및 통신기기 등의 회로를 구성하고 있는 소자, 즉 TR, IC, 저항, 콘덴서, 코일 등의 부품이나 배선 등을 서로 접합하기 위한 작업으로서 기기의 확실한 동작을 위해서는 올바르고 확실한 납땜이 필요하게 된다. 프린트 기판(PCB; 인쇄회로기판)에서는 배선이 되어 있으므로 소자 전극부분만 납땜이 필요해 간편하지만 만능 기판(구멍이 여러 개 배열된 기판)에 는 배선이 되어 있지 않으므로 부품들의 다리를 배선으로 연결해 가면서 납땜을 해야 한다.

납땜은 접합하고자 하는 금속보다 녹는 점이 낮은 금속을 녹인 상태에서 모재의 금속과 알맞 게 접합하는 것으로 납을 녹임으로써 모재와 접합하는 조작이다.

납땜 작업이 미숙하면 회로 접속이 불량하여 동작이 불안정하거나 되지 않을 수 있다.

4.2 납땜 방법

01 납땜 방법

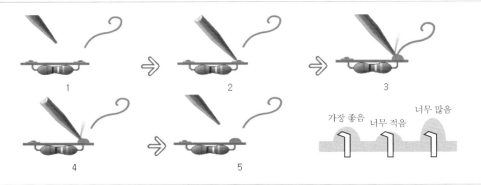

그림 3.33 납땜의 순서

① 기판을 기판받침에 올려놓고 전기인두와 땜납을 사용하여 납땜한다.
② 인두의 끝을 구리판과 부품의 다리가 함께 닿도록 가볍게 댄다.

③ 구리판과 부품의 다리가 충분히 뜨거워져야 튼튼한 납땜이 된다.

④ 땜납을 인두 끝의 밑에 조금씩 밀어 넣는다. (45도 각도 적당)

⑤ 땜납이 녹으면서 구리판에 적당히 퍼지면 납을 뗀다.

⑥ 땜납을 먼저 떼고, 인두를 나중에 뗀다.

⑦ 납땜을 하다보면 인두 끝에 불순물이 따라붙기 때문에 인두끝을 자주 물에 젖은 스펀지에 문질러서 인두팁을 깨끗이 해야 광이 나는 예쁜 땜을 할 수 있다.

⑧ 부품을 삽입하고 땜을 할 때는 부품다리를 먼저 동판면과 같은 높이로 끊은 후 납땜을 하면 작업완료 후 다리가 튀어 나오지 않기 때문에 깨끗하고 둥근 납땜을 할 수가 있다.

02 납땜 시 주의사항

① 인두의 온도가 너무 올라가지 않도록 장시간 가열하여 방치하지 않는다.

② 전자 부품은 열에 민감하여 납땜 시 신속히 해야 된다. (특히 온도 퓨즈와 배선 연결 납땜 시 신속히 하지 않거나 오래 머물고 있으면 온도 퓨즈가 끊어지게 됩니다.)

③ 인두 끝이 무디어졌을 때는 새로운 것으로 교체한다.

④ 사용 중에는 인두 받침대에 인두를 보관한다.

⑤ 인두 끝이 까맣게 산화되거나 납이 잘 녹지 않거나 녹았을 때 윤기가 없다면 온도가 너무 높거나 낮은 것이다.

⑥ 냉납(열부족)이나 산화납(열과다)이 되지 않도록 유의해야 한다.

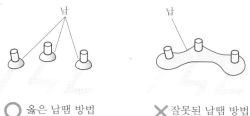

○ 옳은 납땜 방법　　✕ 잘못된 납땜 방법

＊전기가 통해선 안되는 곳에 전기가 흐르게 됩니다.

그림 3.34 올바른 납땜 방법과 잘못된 납땜 방법

4.3 납땜에 필요한 공구

01 납땜 인두(soldering iron)

회로와 같이 전자소자를 서로 붙이기 위하여 필요한 기본 공구로서, 인두끝의 형태, 굵기, 사용처 등에 따라서 여러 종류가 있다. IC나 트렌지스터 등의 부품 납땜 시에는 15W~25W급의 것이 적당하며, IC핀과 같이 세밀한 작업을 할때는 팁이 가는 것을 구입하는 것이 좋다.

02 납 흡입기

납땜을 잘못 하였거나 파손된 부품의 교체를 할 때 부품을 기판에서 제거하기 위해서 사용되는 공구로서, 인두로 납을 녹이면서 흡입기로 납을 흡입, 제거하도록 피스톤 구조로 되어 있다.

03 인두 받침대

납땜 작업 시 달구어진 인두를 안전하게 놓아두기 위하여 사용된다. 받침대가 없으면 옷이나 기물 등의 손상을 입을 수도 있으므로 꼭 갖추어야 한다.

04 실납

전자회로를 납땜할 때 사용되는 재료로 납과 주석의 비율이 사용하는 곳에 따라 여러 가지가 있으며 전자회로에는 납과 주석의 비율이 40 : 60으로 합금한 실납이 많이 사용되며 실납의 굵기는 0.8mm나 1.0mm가 적당하다.

니퍼, 라디오 펜치(롱로우즈) 등의 공구

그림 3.35 라디오 펜치와 니퍼

4.4 납땜 예제

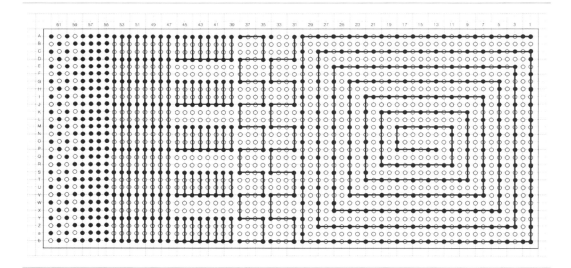

PART

04

측정 및
기초 전자 실습

CHAPTER 01 / 직류 회로 해석(저항, 전압, 전류 측정)

1.1 실습목표

저항으로 구성된 회로를 구성하고 멀티미터를 이용하여 합성 저항과 단자 전압, 지로 전류 등을 측정할 수 있다. 또한 측정값과 이론값 사이의 차이는 오차의 개념으로 설명할 수 있어야 한다.

1.2 사전지식

01 저항의 직병렬 회로의 합성 저항

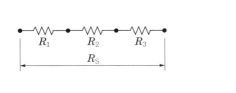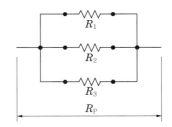

그림 4.1 저항의 직렬접속(좌측)과 병렬접속(우측)

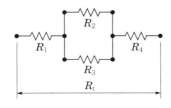

그림 4.2 직병렬 혼합 접속

- 직렬 합성 저항식

$$R_\mathrm{s} = \sum_{i=1}^{n} R_i = R_1 + R_2 + R_3$$

- 병렬 합성 저항식

$$\frac{1}{R_\mathrm{p}} = \sum_{i=1}^{n} \frac{1}{R_i} = \frac{1}{R_1} + \frac{1}{R_2} + \frac{1}{R_3}$$

$$R_\mathrm{p} = \cfrac{1}{\cfrac{1}{R_1} + \cfrac{1}{R_2} + \cfrac{1}{R_3}}$$

- 직병렬 합성 저항식

$$R_\mathrm{t} = R_1 + \cfrac{1}{\cfrac{1}{R_2} + \cfrac{1}{R_3}} + R_4$$

02 전체전압과 전체전류

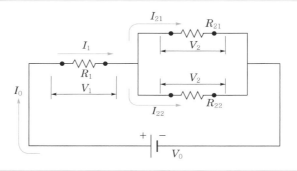

그림 4.3 회로상의 전압 및 전류

- 전체 전압

$$V_0 = V_1 + V_2$$

KVL 법칙이 적용

- 단자 전압

$$V_1 = I_0 \times R_1, \quad V_2 = I_0 \times R_\mathrm{P}$$

(단, R_P는 R_{21}, R_{22}의 병렬 합성 저항)

• 전체 전류

$$I_0 = I_1 = I_{21} + I_{22}$$

KCL 법칙이 적용

• 지로 전류

$$I_{21} = \frac{V_2}{R_{21}}, \quad I_{22} = \frac{V_2}{R_{22}}$$

03 직류 회로 측정

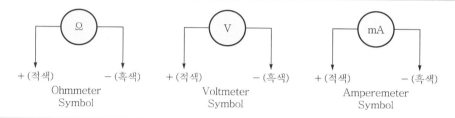

그림 4.4 Meter Symbol

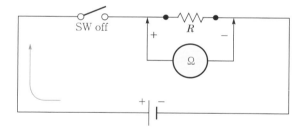

그림 4.5 저항계 연결 방법(전원은 제거 ; SW off)

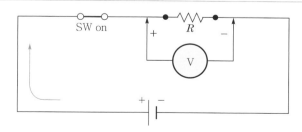

그림 4.6 전압계 연결 방법(측정 단자와 병렬로 연결)

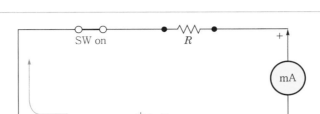

그림 4.7 전류계 연결 방법(측정 단자와 직렬로 연결)

1.3 측정 회로

그림 4.8의 회로를 Bread-board에 구성하여 직류 회로의 저항, 전압, 전류를 측정하고, 이론값과 비교한다.

01 회로도

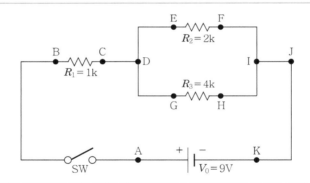

그림 4.8 저항의 직병렬 혼합 접속 회로

02 Bread-board 구성

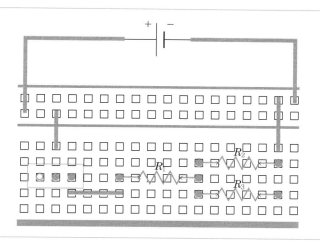

그림 4.9 Bread-board상에 회로 구현

1.4 측정 결과

표 4.1 측정 데이터 표

측정 파라미터	구간	이론값	측정값	오차	비고
R₂, R₃의 합성 저항	D~I				
전체 합성 저항	B~I				SW off
전원(건전지) 전압	A~K				
R₁ 단자 전압	B~C				
R₂ 단자 전압	E~F				SW on 부하와 병렬
R₃ 단자 전압	G~H				
R₁ 지로 전류	C~D				
R₂ 지로 전류	F~I				SW on 구간 개방 후 직렬로 연결
R₃ 지로 전류	H~I				
전체 전류	J~K				

1.5 재료 목록

재료명	규격	단위	수량	비고
스위치(SW)	Slide 3 Pin 스위치	EA	1	SPDT
저항(R_1, R_2, R_3)	1k, 2k, 4k	EA	각 1	
멀티미터	ST-560-TR	대	1	
Bread-board	10,000 hole 이상	대	1	
점퍼선	ϕ1mm	m	50cm	
건전지	DC 9V	대	1	전체

1.6 실습 유의 사항

① 실습 시는 항상 실습장 안전수칙을 인지하여야 한다.

② 측정기를 사용하기 전이나 사용한 후에는 항상 측정기의 스위치를 Off 상태로 두어야 한다.

③ 저항에 적혀 있는 숫자나 색을 잘못 읽는 일이 없도록 주의한다.

④ 주어진 저항을 측정할 때는 저항의 금속 부분이나 측정기의 금속 부분에 피부나 이외의 물질이 접촉하는 일이 없도록 주의한다.

⑤ 저항에 전원이 연결된 상태에서 저항을 측정하는 일이 없어야 한다.

⑥ 측정기에서 측정값을 읽을 때는 지시 바늘이나 숫자가 움직임이 없는 상태에서 지시값을 읽어야 한다. 지시 바늘의 움직임은 접촉 불량 혹은 측정 중을 의미한다.

⑦ 전압, 전류 측정 시에는 전압, 전류값을 예상하여 그 이상까지 측정 가능한 측정 범위에 측정해야 하지만, 그렇지 못할 경우에는 측정 가능한 최대 범위부터 측정해야 한다.

⑧ 전압, 전류 측정 시 측정 방법과 측정 방향에 주의한다.

⑨ 전압, 전류를 측정할 때는 측정 부분의 금속단자나 측정기의 금속단자에 피부나 이외의 물질이 접촉하는 일이 없도록 주의한다.

> 1.7   평가 항목

순번	평가 항목	상	중	하	비고
1	저항값 읽기와 측정				
2	직렬연결 시 합성저항 계산과 측정				
3	병렬연결 시 합성저항 계산과 측정				
4	직병렬연결 시 합성저항 계산과 측정				
5	작업 후 정리정돈				

램프 회로와 단선/단락 시험

2.1 실습목표

램프 회로를 이용하여 전기의 흐름 및 동작 방식에 대해 이해하고, Bread-board에 구성하여 동작시킬 수 있도록 실습한다. 이를 통하여 항공기에 사용된 복잡한 회로의 동작 방식을 유추하고, 단선 및 단락 시험을 통해 고장탐구를 진행할 수 있을 것이다.

2.2 실습순서

① 멀티미터, 저항, 램프, 스위치, 직류 전원 공급 장치, Bread-board를 준비한다.

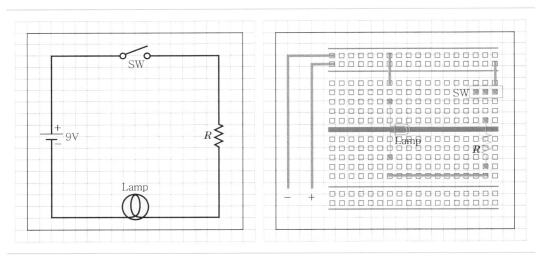

그림 4.10 램프 회로(좌측) 램프회로를 Bread-board에 구현한 모습(우측)

② Bread-board에 램프 회로를 구성한다.
③ 전원을 9V 인가하고, 스위치 On 상태와 Off 상태에서 저항에 걸리는 전압을 측정하고, 각각 상태에서 회로에 흐르는 전류를 측정한다.
　㉠ 스위치 On 시
　　• 저항에 나타나는 전압 : ＿＿＿＿＿＿ [V]
　　• 회로에 흐르는 전류 : ＿＿＿＿＿＿ [A]

ⓛ 스위치 Off 시
- 저항에 나타나는 전압 : ＿＿＿＿＿＿＿ [V]
- 회로에 흐르는 전류 : ＿＿＿＿＿＿＿ [A]

④ 스위치 On, Off 상태에서 램프의 변화를 관찰하고, ③에서 측정한 전류값을 기준으로 램프의 저항값을 이론적으로 계산한다. (단, 도선저항이나 스위치의 접속 저항은 무시한다.)

⑤ 램프를 회로에서 분리하여 멀티미터로 저항값을 측정한다.

⑥ 단선 및 단락 시험을 수행하여 고장 탐지를 수행한다.

2.3 사전지식

고장탐구는 회로에서 문제점의 징후를 인지하기, 있음직한 원인을 확인하기, 고장이 발생한 구성요소 또는 도체의 위치를 정하기의 체계적인 과정이다. 고장탐구를 위해 정비사는 회로가 어떻게 작동되고 시험용 장비를 어떻게 적절하게 사용하는지를 이해해야 한다. 계통은 고장 날 수 있는 여러 가지의 사항이 있다. 정비사가 이 모든 가능성을 전부 해결하기는 어렵겠지만, 항공기에서 발생하는 다수의 보통의 결함을 해결할 수는 있다.

전기전자제품의 일반적인 고장의 원인은 단선, 단락, 낮은 전압이다. 단선(open)은 연결될 선이 끊어진 것을 의미한다. 간단하게 PC나 TV에 전원선이 연결되지 않으면 켜지지 않을 것이다. 이렇게 선이 연결 안 된 것을 단선이라고 한다. 단락(short)은 만나지 말아야 하는 선이 서로 만난 것으로 저항이 낮아지게 되어 전류를 크게 만드는 역할을 한다. 전기 합선과 같은 의미이다. 저항계는 구성요소의 저항을 측정하는 데 사용될 뿐만 아니라 회로의 한쪽 부분에서 다른 쪽 부분으로 접속의 무결함을 간단히 점검하기 위해 사용된다. 만약 전기적으로 연결되어 있으면 저항계는 0Ω을 나타내고, 전기적으로 연결되어 있지 않으면 저항계는 무한대를 나타낼 것이다.

01 직렬 회로에서 단선시험

- 결함의 가장 공통모드 중 한 가지는 단선이다. 저항과 같이 전력을 소비하는 구성요소는 전력소요량으로 인하여 과열될 수 있다. 또 다른 문제점은 전선에 방치한 냉 납땜 이음 (cold solder joint) 균열이 릴레이 또는 커넥터로부터 분리되었을 때 일어날 수 있다. 이 유형의 손상은 많은 경우에 결함이 일어날 징조는 없기 때문에 정비사가 검사를 해도 문제점을 알아채지 못한다.

• 첫 번째 예는 그림 4.11 (a)이다. 이 회로는 전류가 저항과 램프를 통해서 흐르기 때문에 스위치를 닫은 상태에서 램프가 켜진다. 그러나 그림에서와 같이 저항에 균열(break)이 발생하여 전류가 흐르지 않아 램프가 켜지지 않을 것이다. 이 경우는 (b)와 (c)처럼 스위치가 닫혀진 상태에서 전압계로 전압을 측정하면 램프는 0V, 저항에는 전원전압보다 낮은 전압(전압계에 의해 회로가 연결되고, 램프에 일정 전압이 걸리므로)이 나올 것이다. 그러면 그 부분에서 불량이 발생한 것이다.

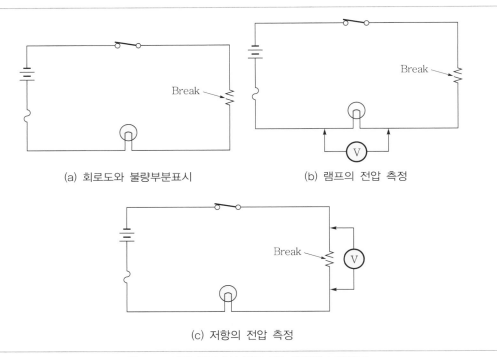

(a) 회로도와 불량부분표시   (b) 램프의 전압 측정

(c) 저항의 전압 측정

그림 4.11 직렬 회로에서 전압계를 이용한 고장탐구

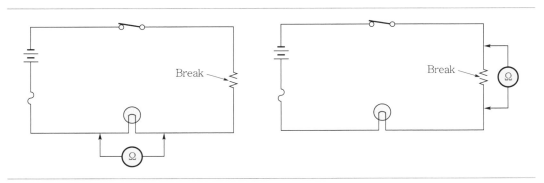

그림 4.12 직렬 회로에서 저항계를 이용한 단선시험

• 저항계를 이용해서도 고장 탐구를 할 수 있다. 램프는 정상이므로 저항이 측정되고, 저항 은 단선되었으므로 저항이 무한대로 나올 것이다.

02 직렬 회로에서 단락시험

• 그림 4.13과 4.14는 각각 전압계와 저항계를 이용하여 직렬 회로에서 단락 시험을 하는 모습을 보여준다. 전압계를 이용한 단락 시험에서 단락이 일어난 부분은 전원이 연결된 상태에서 전압이 0V(zero voltage)로 표시될 것이다. 저항계를 이용한 단락 시험에서 단락이 일어난 부분은 전원이 연결 안 된 상태에서 저항이 0Ω을 지시할 것이다.

• 직렬 회로는 전압이 분배되고, 전류가 고정이고, 병렬 회로는 전압이 고정되고 전류가 분배되는 특징을 알고 있으면 직렬 회로에서 전압계와 저항계를 이용하여 단선, 단락 시험을 한 것과 같은 원리로 병렬 회로의 단선, 단락 시험을 할 수 있다.

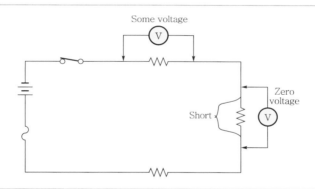

그림 4.13 직렬 회로에서 전압계를 이용한 단락 시험

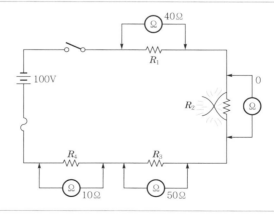

그림 4.14 직렬 회로에서 저항계를 이용한 단락 시험

2.4 재료목록

재료명	규격	단위	수량	비고
스위치(SW)	Slide 3 Pin 스위치	EA	1	SPDT
Lamp	9V	EA	1	
저항(R)	150Ω	EA	1	
Bread-board	10,000 hole 이상	대	1	
점퍼선	φ1mm	m	50cm	
직류 전원 공급 장치	DC 9V	대	1	전체

2.5 실습 유의사항

① 실습 시는 항상 실습장 안전수칙을 인지하여야 한다.
② 멀티미터의 측정부 금속단자에 피부나 이외의 물질이 접촉하는 일이 없도록 주의한다.
③ 측정기를 사용하기 전이나 사용한 후에는 항상 측정기의 스위치를 Off 상태로 두어야 한다.
④ 허용된 전압이나 전류를 넘게 전압이나 전류를 인가하여서는 안 된다.
⑤ 회로 구성 시 방향성을 가지는 소자는 방향에 주의하여야 한다.

2.6 평가 항목

순번	평가 항목	상	중	하	비고
1	램프회로의 동작과 전압 전류 측정				
2	단선 시험(Test)				
3	단락 시험(Test)				
4	작업 후 정리정돈				

3.1 실습목표

릴레이를 이용한 간단한 전기 회로를 이해하고 동작 원리를 실습한다. Bread-board에 구성하여 동작시킬 수 있도록 실습한다. 이를 통하여 항공기에 사용된 복잡한 회로의 동작 방식을 유추하고, 단선 및 단락 시험을 통해 고장탐구를 진행할 수 있을 것이다.

3.2 실습순서

01 부저회로

① 스위치, 부저, 릴레이, 직류 전원 공급 장치, Bread-board를 준비한다.

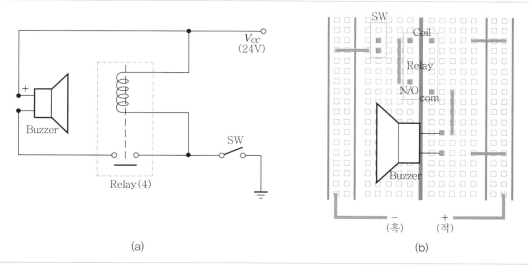

(a)

(b)

그림 4.15 부저 회로

② Bread-board에 그림 4.15 (a) 부저 회로를 구성한다.
③ 전원을 인가하고 스위치를 닫았을 때 부저에서 부저음이 나타나는가를 확인한다.

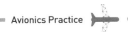
02 릴레이 회로

① 스위치 2개, 램프, 릴레이, 직류 전원 공급 장치, Bread-board, 회로 차단기를 준비한다.

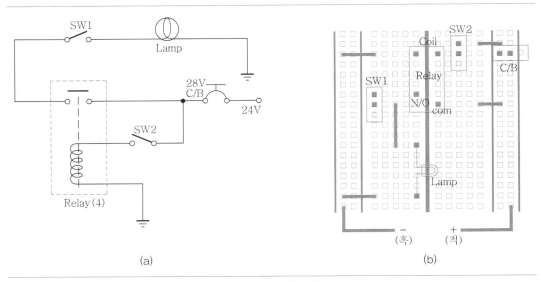

(a)   (b)

그림 4.16 릴레이 회로

② Bread-board에 그림 4.16 릴레이 회로를 구성한다.
③ 전원을 인가하고 C/B, SW2, SW1을 차례대로 닫아서 램프의 동작을 관찰한다.

3.3 동작 설명

01 Buzzer 회로의 동작

- 전류는 +24V의 단자에서 시작하여 갈림길을 만난다.
- 하나는 부저로 향하고, 하나는 릴레이의 코일단자로 들어간다.
- 코일을 거쳐서 아래의 분기점을 지나 스위치까지 이르게 된다.
- 스위치가 On되면 릴레이는 동작한다.
- 릴레이가 동작하면 N/O 단자와 COM 단자도 전기적으로 연결되게 되고, 이로서 부저에 24V의 전압이 걸려서 부저는 울리게 된다.

02 릴레이 회로(1)의 동작

- 24V의 전압이 분기점에서 나눠지게 된다.
- 스위치 1번이 Open 상태에서는 릴레이의 코일이 동작하지 않아서 릴레이의 N/O 단자와 COM단자는 전기적으로 연결이 되지 않는다.
- 스위치 1번이 Close 되면 릴레이의 N/O 단자와 COM 단자는 연결되고, 전원 전압은 램프를 거쳐 스위치 2번까지 오게 된다.
- 스위치 2번이 Close 되면 램프에 높은 전압과 낮은 전압이 걸리게 되어 전류가 흐르므로 램프는 켜지게 된다. 따라서 스위치 2개 모두 켰을 때만 램프가 켜지면 정상 동작이다.

3.4 재료목록

재료명	규격	단위	수량	비고
스위치(SW)	Slide 3 Pin 스위치	EA	3	SPDT
회로 차단기(C/B)	28V	EA	1	스위치로 대체
Buzzer	24V	EA	1	
Lamp	24V	EA	1	
Relay	DC 24V 4Pin	EA	1	
Bread-board	10,000 hole 이상	대	1	
점퍼선	ϕ1mm	m	50cm	
직류전원공급장치	DC 9V	대	1	전체

3.5 실습 유의사항

① 실습 시는 항상 실습장 안전수칙을 인지하여야 한다.
② 멀티미터의 측정부 금속단자에 피부나 이외의 물질이 접촉하는 일이 없도록 주의한다.
③ 측정기를 사용하기 전이나 사용한 후에는 항상 측정기의 스위치를 Off 상태로 두어야 한다.
④ 허용된 전압이나 전류를 넘게 전압이나 전류를 인가하여서는 안 된다.
⑤ 회로 구성 시 방향성을 가지는 소자는 방향에 주의하여야 한다.

3.6 평가 항목

순번	평가 항목	상	중	하	비고
1	Buzzer 회로의 동작				
2	릴레이 회로(1)의 동작				
3	단선 / 단락 시험(Test)				
4	작업 후 정리정돈				

논리회로

4.1 실습목표

논리회로를 이용하여 디지털 신호의 동작 방식에 대해 이해하고, 직접 Bread-board에 구성하여 동작시킬 수 있도록 실습한다. 이를 통하여 항공기에 사용된 복잡한 회로의 동작 방식을 유추하고, 고장탐구를 진행할 수 있을 것이다.

4.2 실습순서

① Bread-board에 논리회로(Logic-OR, Logic-AND)를 각각 구성한다.
② 직류 전원 공급 장치로 전압을 5V 인가한 상태에서 스위치 조작에 따른 결과값을 이용하여 진리표를 완성한다.
③ 정상적인 동작이 이루어지지 않을 경우 고장 탐구를 진행한다.

4.3 회로도

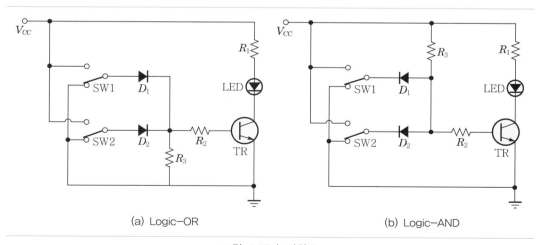

(a) Logic-OR   (b) Logic-AND

그림 4.17 논리회로

4.4 사전 지식 및 Logic Table(진리표) 작성

01 사전 지식

Logic-OR는 두 개의 입력 조건 중 하나라도 논리 "1(or 스위치 On)"이면 논리 "1(or LED On)"을 출력하는 회로이고, Logic-AND는 두 개의 입력이 모두 논리 "1(or 스위치 On)"이면 논리 "1(or LED On)"을 출력하는 회로이다.

02 Logic-OR 회로의 진리표 작성

Logic-OR를 구현한 회로에 직류 전원 공급 장치로부터 전압을 5V 인가한 상태에서 스위치 조작에 따른 결과값을 이용하여 진리표를 완성한다.

표 4.2 Logic-OR 회로의 진리표

A 스위치	B 스위치	LED 상태 (꺼짐0, 켜짐1)
0(off)	0(off)	
0(off)	1(on)	
1(on)	0(off)	
1(on)	1(on)	

03 Logic-AND 회로의 진리표 작성

Logic-AND를 구현한 회로에 직류 전원 공급 장치로부터 전압을 5V 인가한 상태에서 스위치 조작에 따른 결과값을 이용하여 진리표를 완성한다.

표 4.3 Logic-AND 회로의 진리표

A 스위치	B 스위치	LED 상태 (꺼짐0, 켜짐1)
0(off)	0(off)	
0(off)	1(on)	
1(on)	0(off)	
1(on)	1(on)	

4.5 Bread-board 배치

01 Logic-OR 회로

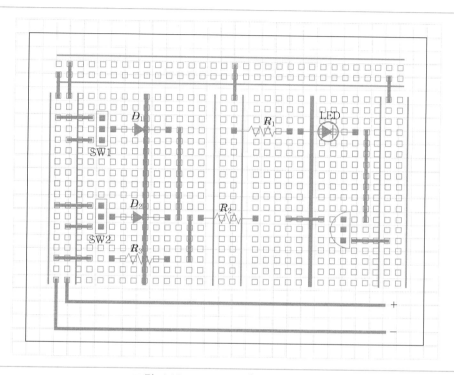

그림 4.18 Logic-OR 회로 구성 예시

02 Logic–AND 회로

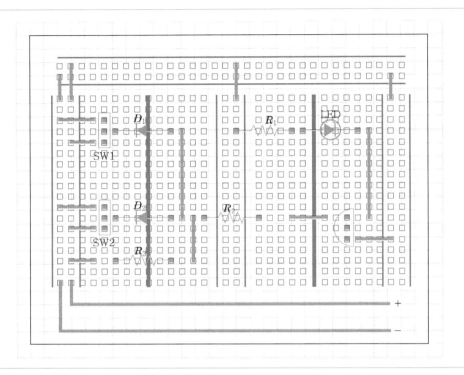

그림 4.19 Logic–AND 회로 구성 예시

4.6 실습재료

재료명	규격	단위	수량	비고
스위치(SW1, SW2)	Slide 3Pin 스위치	EA	4	SPDT
다이오드(D_1, D_2)	1N4001	EA	4	
LED	5ϕ (소)	EA	2	
저항(R_1)	150Ω	EA	2	
저항(R_2)	1.5kΩ	EA	2	
저항(R_3)	4.7kΩ	EA	2	
트랜지스터(TR)	1959	EA	2	
Bread–board	10,000 hole 이상	대	1	
점퍼선	ϕ1mm	m	50cm	
만능기판	28×62	장	1	

재료명	규격	단위	수량	비고
실납	ϕ1mm, Sn60%	m	1	
3색 단선	ϕ0.3mm	m	1	
직류 전원 공급 장치	DC 5V	대	1	전체

4.7 실습 유의사항

① 실습 시는 항상 실습장 안전수칙을 인지하여야 한다.
② 측정기를 사용하기 전이나 사용한 후에는 항상 측정기의 스위치를 Off 상태로 두어야 한다.
③ 허용된 전압이나 전류를 넘게 전압이나 전류를 인가하여서는 안 된다.
④ 전자부품의 크기나 방향에 주의한다. 저항의 경우 저항값이 다르므로 저항을 구분하여 사용하여야 하고, 다이오드, LED, 트랜지스터는 방향을 가지는 소자이므로 방향을 주의하여 연결하여야 한다.

4.8 평가 항목

순번	평가 항목	상	중	하	비고
1	OR Gate 구성 및 동작				
2	AND Gate 구성 및 동작				
3	작업 후 정리정돈				

PART

05

항공장비 회로 실습

릴레이 회로(II)

1.1 실습목표

회로도를 보고 패턴도를 작성하고, 패턴도를 이용하여 만능기판에 회로를 구성하여 동작시킬 수 있다.

1.2 실습순서

① 아래의 회로도를 참고하여 패턴도를 작성한다.
② 패턴도를 이용하여 만능기판에 회로를 제작한다.
③ 전원을 인가한 후 정상 동작 여부를 확인한다.
④ 정상 동작하지 않을 경우 멀티미터를 이용하여 고장 탐구한다.

1.3 회로도

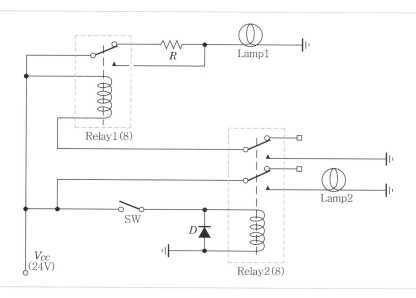

1.4 동작 설명

- 스위치(SW)가 off 시 Relay1의 Com-Nc가 연결된 상태에서 R에서의 전압강하로 Lamp1은 어둡게 점등된다.
- 스위치(SW)가 on이 되면 Relay1의 Com-No가 연결되어 R의 전압강하 없이 Lamp1은 밝게 점등된다.
- 동시에 Relay2의 Com-No가 연결되어 Lamp2도 점등된다.

① SW Off시 Lamp1만 어둡게 점등
② SW On시 Lamp1, Lamp2 모두 밝게 점등

1.5 패턴도 작성(동박면)

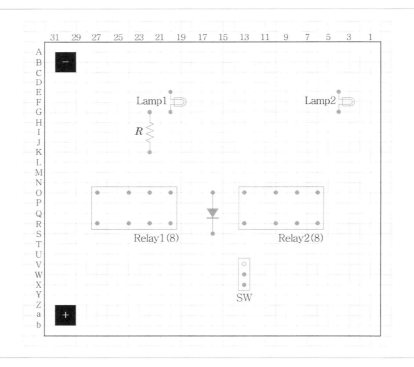

> 1.6 재료 목록

재료명	규격	단위	수량	비고
저항(R)	300Ω	EA	1	
다이오드(D)	1N4001	EA	1	
스위치(SW)	Slide SW	EA	1	SPST
Lamp(L_1, L_2)	24V	EA	2	
릴레이(Relay1, Relay2)	DC24V 8 Pin	EA	2	
릴레이 Socket	16 Pin	EA	2	
만능기판	28×62	장	1	
실납	ϕ1mm, Sn60%	m	1	
3색 단선	ϕ0.3mm	m	1	
직류 전원 공급 장치	DC 9V	대	1	전체

> 1.7 실습 유의사항

① 실습 시는 항상 실습장 안전수칙을 인지하여야 한다.
② 전자부품의 경우 방향성을 가지는 경우가 많으므로 부품의 극성을 확인한다.
③ 회로에 전원을 인가할 때에는 사용전압을 확인하고 그에 해당하는 전압을 확인한 후 인가하여, 회로고장을 예방한다.
④ 실습 전후에는 정리정돈을 철저히 한다.

> 1.8 평가 항목

순번	평가 항목	상	중	하	비고
1	패턴도 작성				
2	회로 동작				
3	납땜 및 배선 상태				
4	작업 후 정리정돈				

1.9 부품 배치도 예시(부품면)

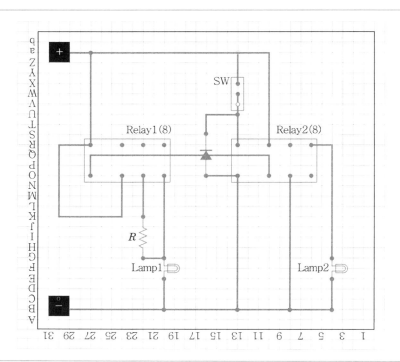

CHAPTER 02 / 논리회로

2.1 실습목표

논리회로를 이용하여 디지털 신호의 동작 방식에 대해 이해하고 실습한다. 이를 통하여 항공기에 사용된 복잡한 논리회로의 동작 방식을 유추하고, 고장탐구를 진행할 수 있을 것이다. 또한 회로도를 이용하여 패턴도를 작성하고, 작성한 패턴도를 이용하여 만능기판에 회로를 구성하여 동작시킬 수 있다.

2.2 실습순서

① 논리회로(Logic-AND, Logic-OR)의 패턴도를 작성한다.
② 만능 기판에 논리회로(Logic-AND, Logic-OR)를 각각 구성한다.
③ 직류 전원 공급 장치로 전압을 5V 인가한 상태에서 스위치 조작에 따른 결과값을 이용하여 진리표를 완성한다.

2.3 회로도

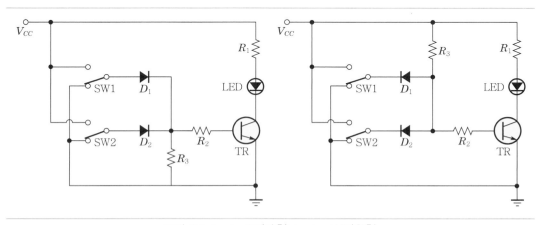

그림 5.1 Logic-OR(좌측) Logic-AND(우측)

2.4 패턴도 작성(동박면)

01 Logic-OR 회로의 패턴도 작성

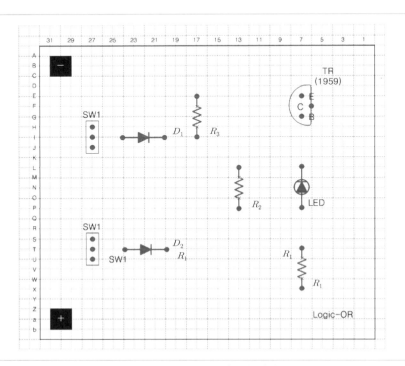

그림 5.2 Logic-OR 회로의 패턴도

02 Logic-AND 회로의 패턴도 작성

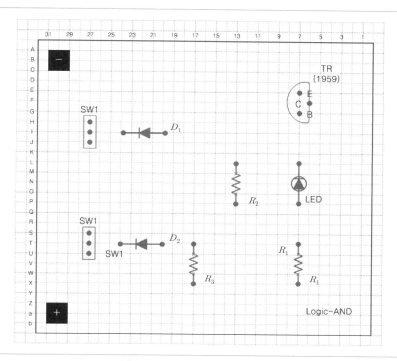

그림 5.3 Logic-AND 회로의 패턴도

2.5 Logic Table(진리표) 작성

01 Logic-OR 회로의 진리표 작성

Logic-OR를 구현한 회로에 직류 전원 공급 장치로부터 전압을 5V 인가한 상태에서 스위치 조작에 따른 결과값을 이용하여 진리표를 완성한다.

표 5.1 Logic-OR 회로의 진리표

A 스위치	B 스위치	LED 상태 (꺼짐0, 켜짐1)
0(off)	0(off)	
0(off)	1(on)	
1(on)	0(off)	
1(on)	1(on)	

02 Logic-AND 회로의 진리표 작성

Logic-AND를 구현한 회로에 직류 전원 공급 장치로부터 전압을 5V 인가한 상태에서 스위치 조작에 따른 결과값을 이용하여 진리표를 완성한다.

표 5.2 Logic-AND 회로의 진리표

A 스위치	B 스위치	LED 상태 (꺼짐0, 켜짐1)
0(off)	0(off)	
0(off)	1(on)	
1(on)	0(off)	
1(on)	1(on)	

2.6 실습재료

재료명	규격	단위	수량	비고
스위치(SW1, SW2)	Slide 3 Pin 스위치	EA	4	SPDT
다이오드(D_1, D_2)	1N4001	EA	4	
LED	4ϕ (소)	EA	2	
저항(R_1)	150Ω	EA	2	
저항(R_2)	1.5kΩ	EA	2	
저항(R_3)	4.7kΩ	EA	2	
트랜지스터(TR)	C1959	EA	2	
브레드보드	10,000 hole 이상	대	1	
점퍼선	ϕ1mm	m	50cm	
만능기판	28×62	장	1	
실납	ϕ1mm, Sn60%	m	1	
3색 단선	ϕ0.3mm	m	1	
직류 전원 공급 장치	DC 5V	대	1	전체

2.7 실습 유의사항

① 실습 시는 항상 실습장 안전수칙을 인지하여야 한다.
② 측정기를 사용하기 전이나 사용한 후에는 항상 측정기의 스위치를 Off 상태로 두어야 한다.

③ 허용된 전압이나 전류를 넘게 전압이나 전류를 인가하여서는 안된다.

④ 전자 부품의 크기나 방향에 주의한다. 저항의 경우 저항값이 다르므로 저항을 구분하여 사용하여야 하고, 다이오드, LED, 트랜지스터는 방향을 가지는 소자이므로 방향을 주의하여 연결하여야 한다.

2.8 평가 항목

순번	평가 항목	상	중	하	비고
1	OR Gate 구성 및 동작				
2	AND Gate 구성 및 동작				
3	작업 후 정리정돈				

2.9 부품 배치도 예시(부품면)

01 Logic-OR 회로

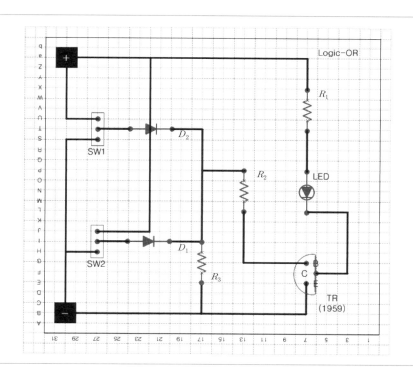

02 Logic–AND 회로

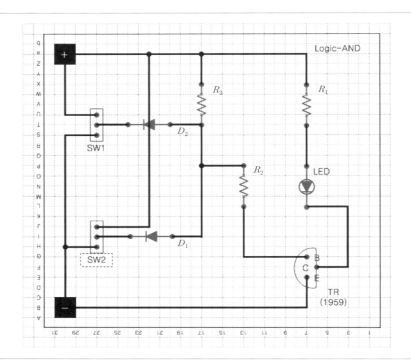

객실여압 회로

3.1 실습목표

회로도를 보고 패턴도를 작성하고, 패턴도를 이용하여 만능기판에 회로를 구성하여 동작시킬 수 있다.

3.2 실습순서

① 객실여압 회로를 이용하여 패턴도를 작성한다.
② 패턴도를 이용하여 만능기판에 회로를 제작한다.
③ 전원을 인가한 후 정상 동작 여부를 확인한다.
④ 정상 동작하지 않을 경우 멀티미터를 이용하여 고장 탐구를 한다.

3.3 회로도

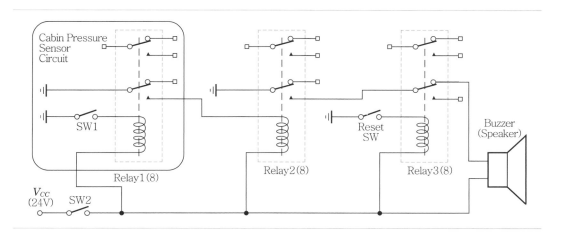

3.4 사전 지식 및 동작 설명

01 사전 지식

항공기는 공기의 저항을 줄이는 방법으로 속도를 높여야 하기 때문에 높은 고도에서 운행한다. 고도가 높다는 의미는 기온도 낮고, 공기도 희박하다는 의미이고, 그만큼 기압도 낮아 사람이 견딜 수 없다. 간단한 예로 해발고도가 높은 산에만 올라가도 숨쉬기가 힘들어진다. 따라서 항공기의 내부 중 특히 객실은 승객의 쾌적한 여행 환경을 위해 외부 기압보다 높아야 한다. 다시 말하면 객실 내부의 환경은 현재의 고도보다 더 낮은 고도에 있는 것 같은 환경이 되어야 한다. 객실의 기압을 표준기압 대비하여 고도로 변환한 것을 객실고도라고 한다.

미국연방항공청(FAA)에서 기준으로 삼는 객실고도의 기준은 8,000ft 이하이다. 객실의 기압은 여압장치를 통해서 조절해준다. 만약 여압장치에 이상이 생기거나 다른 이유로 인하여 객실의 기압이 떨어진다면 이를 알려주는 장치가 있어야 한다. 영화나 드라마에서 항공기 내부에 기압적인 문제가 생기면 노란색의 산소마스크가 위에서 떨어져서 쓰는 장면을 본 적이 있을 것이다. 이런 문제를 감지하는 회로가 객실여압 회로이다. 이 회로는 압력 센서(Pressure sensor)를 사용한다. 센서가 감지를 하면 어떤 방법으로든 신호를 주어야 하고, 일반적으로 기계적인 움직임이나 전기적인 신호(전압, 전류, 저항)로 알려준다.

02 동작 설명

- 객실여압 회로의 동작을 보면, 전원(Vcc)에 항공기에서 사용하는 직류 전압인 12V나 24V의 전원이 연결되어 있고, 이는 각각 Relay1, 2, 3의 코일 단자와 부저에 연결되어 있다.
- Relay1의 코일의 나머지 한 단자는 압력센서(SW1)를 통해 접지와 연결되어 있으므로, 압력 센서가 동작하면 Relay1의 코일에 전류가 흐르고 Relay1의 COM 단자가 NO 단자에 연결된다.
- Relay2의 코일의 나머지 한 단자는 Relay1의 NO 단자와 COM 단자를 통해 접지에 연결되어 있으므로 Relay2의 코일은 동작하고, Relay2의 COM 단자가 NO 단자에 연결된다.
- Relay3의 코일의 나머지 한 단자는 Reset Switch를 통해서 접지와 연결되어 있으므로 Reset Switch가 동작하지 않는 한 동작하지 않는다.
- Relay2의 NO 단자가 Relay3 COM 단자와 연결되어 있고, 이는 NC 단자를 통하여 부저(Buzzer)에 연결된다. 따라서 부저에는 (+)와 (-)단자가 모두 연결되어 있으므로 소리가 날 것이다.

- 이 상태에서 Reset switch를 on 시키면 Relay3의 NC단자 – COM 단자 – Relay2의 NO 단자 – COM 단자를 통해 접지랑 연결되어 있던 것 중 Relay3의 NC 단자 – COM 단자 연결이 끊어지게 되고, 부저에 전원이 공급되지 않아 부저는 울리지 않게 된다. 즉, 압력센서 On 시 부저는 동작하고, Reset switch On 시 부저는 꺼진다.

3.5 패턴도 작성(동박면)

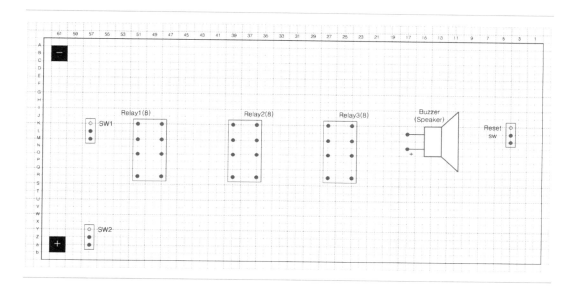

3.6 실습재료

재료명	규격	단위	수량	비고
스위치(SW1, 2, Reset SW)	Slide 3 Pin 스위치	EA	3	SPDT
Buzzer	24V	EA	1	
릴레이(Relay1~Relay3)	DC 24V, 8Pin	EA	3	
Relay Socket	16Pin	EA	3	
만능기판	28×62	장	1	
실납	ϕ1mm, Sn60%	m	1	
3색 단선	ϕ0.3mm	m	1	
직류 전원 공급 장치	DC 9V	대	1	전체

3.7 실습 유의사항

① 실습 시는 항상 실습장 안전수칙을 인지하여야 한다.
② 전자부품의 경우 방향성을 가지는 경우가 많으므로 부품의 극성을 확인한다.
③ 회로에 전원을 인가할 때에는 사용전압을 확인하고 그에 해당하는 전압을 확인한 후
   인가하여, 회로고장을 예방한다.
④ 실습 전후에는 정리정돈을 철저히 한다.

3.8 평가 항목

순번	평가 항목	상	중	하	비고
1	패턴도 작성				
2	회로 동작				
3	납땜 및 배선 상태				
4	작업 후 정리정돈				

3.9 부품 배치도 예시(부품면)

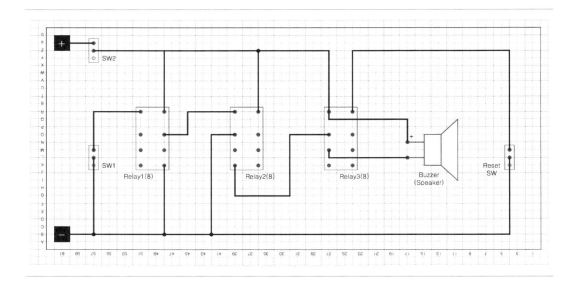

CHAPTER
04 / 경고표시 회로

4.1 실습목표

회로도를 보고 패턴도를 작성하고, 패턴도를 이용하여 만능기판에 회로를 구성하여 동작시킬 수 있다.

4.2 실습순서

① 경고표시 회로를 이용하여 패턴도를 작성한다.
② 패턴도를 이용하여 만능기판에 회로를 제작한다.
③ 전원을 인가한 후 정상 동작 여부를 확인한다.
④ 정상 동작하지 않을 경우 멀티미터를 이용하여 고장 탐구하여 문제점을 해결한다.

4.3 회로도

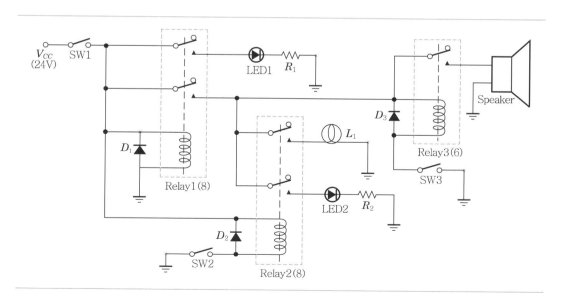

4.4 사전 지식 및 동작 설명

01 사전 지식

항공기에서 운항을 하려고 할 때 출입문이나 여러 가지 도어가 안 닫히면(혹은 안 열리면) 정상운행을 할 수 없으므로 승무원에게 경고를 해줘야 하는데, 경고는 사안에 따라서 소리로 알려 줄 수도 있고, 불빛으로 알려 줄 수도 있다. 경고표시회로는 램프, LED, 부저를 이용하여 이상상태를 알려주는 회로이다.

02 동작 설명

- 스위치(SW1)가 닫혀 회로에 전원이 인가되면 Relay1의 코일에 전류가 흘러 Relay1이 동작한다.
- Relay1의 위 COM 단자와 NO 단자가 연결되어 LED1이 켜지게 된다. 이때 LED1에 걸리는 전압은 R_1에 의해 결정된다.
- D_1은 Relay1의 코일 단자에 역방향으로 전류가 흐르는 것을 방지하기 위해 사용되는 것으로 안전장치 개념이다.
- Relay1의 아래 COM 단자와 NO 단자도 연결되고 그러면 Relay3에 전원이 공급된다. Relay3가 동작하면 부저에 전원이 공급되면 삐 소리가 발생한다.
- SW2가 On되면 Relay2가 동작하게 되고, Relay2의 위 COM 단자와 NO 단자가 연결되어 Lamp1에 전압이 인가되어 켜지게 된다.
- 때 Relay2의 아래 COM 단자와 NO 단자도 연결되고 그러면 LED2에도 전원이 인가되어 LED2가 켜지게 된다. 마찬가지로 R_2는 LED2에 걸리는 전압을 조절하기 위해 사용된다.
- 경고표시회로의 동작을 정리하면 다음과 같다.
  ① V_{CC}에 +24V를, 접지에 0V를 연결하고, 모든 스위치 Off 상태에서 SW1 On하면 LED1 On, Buzzer On
  ② SW2 On하면 LED2 On, Lamp1 On

4.5 패턴도 작성(동박면)

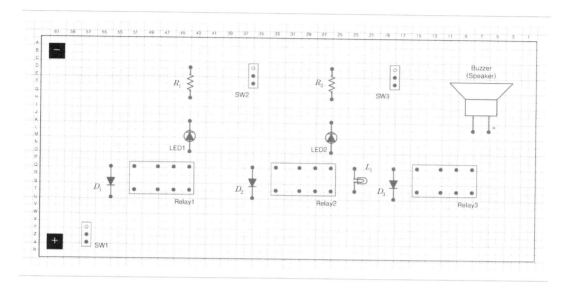

4.6 실습재료

재료명	규격	단위	수량	비고
저항(R_1, R_2)	1.2kΩ	EA	2	
다이오드($D_1 \sim D_3$)	1N4001	EA	3	
LED1, LED2	5ϕ 소형	EA	2	Green
스위치(SW1~SW3)	Slide 3 Pin 스위치	EA	2	SPST
Lamp1	24V	EA	1	
Buzzer	24V	EA	1	
릴레이(Relay1)	DC 24V, 8Pin	EA	3	
Relay Socket	16Pin	EA	3	
만능기판	28×62	장	1	
실납	ϕ1mm, Sn60%	m	1	
3색 단선	ϕ0.3mm	m	1	
직류 전원 공급 장치	DC 24V	대	1	전체

4.7 실습 유의사항

① 실습 시는 항상 실습장 안전수칙을 인지하여야 한다.
② 전자부품의 경우 방향성을 가지는 경우가 많으므로 부품의 극성을 확인한다.
③ 회로에 전원을 인가할 때에는 사용전압을 확인하고 그에 해당하는 전압을 확인한 후 인가하여, 회로고장을 예방한다.
④ 실습 전후에는 정리정돈을 철저히 한다.

4.8 평가 항목

순번	평가 항목	상	중	하	비고
1	패턴도 작성				
2	회로 동작				
3	납땜 및 배선 상태				
4	작업 후 정리정돈				

4.9 부품 배치도 예시(부품면)

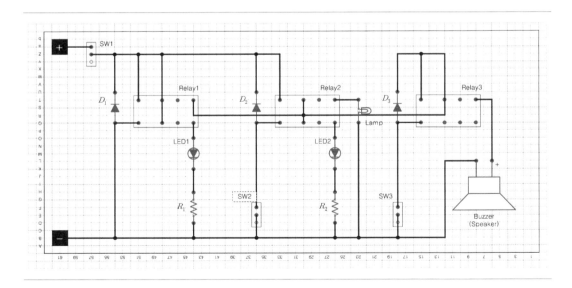

CHAPTER

05 경고음 회로

5.1 실습목표

회로도를 보고 패턴도를 작성하고, 패턴도를 이용하여 만능기판에 회로를 구성하여 동작시킬 수 있다.

5.2 실습순서

① 경고음 회로를 이용하여 패턴도를 작성한다.
② 패턴도를 이용하여 만능기판에 회로를 제작한다.
③ 전원을 인가한 후 정상 동작 여부를 확인한다.
④ 정상 동작하지 않을 경우 멀티미터를 이용하여 고장 탐구한다.

5.3 회로도

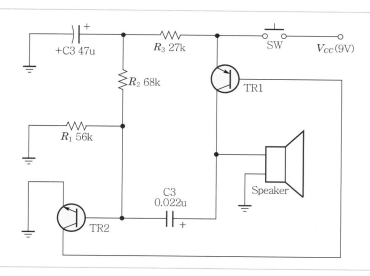

5.4 사전 지식 및 동작 설명

01 사전 지식

항공기에서 운항을 하려고 할 때 출입문이나 여러 가지 도어가 안 닫히면(혹은 안 열리면) 정상운행을 할 수 없으므로 승무원에게 경고를 해줘야 하는데, 경고는 사안에 따라서 소리로 알려 줄 수도 있고, 불빛으로 알려 줄 수도 있다. 경고음 발생회로는 소리로 이상상태를 알려주는 회로이다.

02 동작 설명

- 스위치(SW)가 닫혀 회로에 전원이 인가되면 3개의 저항에 의해 저항과 비례하게 전압이 분배된다.
- 분배된 전압 중 R_1에 걸리는 전압에 의해서 TR2는 동작하게 되고, TR2의 에미터 단자가 TR1의 베이스로 연결되어 있고, R_2와 R_3에 의해 전압도 걸리므로 TR1도 동작하게 된다.
- 그러면 C_1은 충전이 되고, 이 전압이 스피커(Speaker)에 걸리게 되어 소리가 난다. C_2는 R_1, R_2에 걸리는 전압을 안정화하기 위해 사용된 것이다.
- 즉, 스위치를 On하면 스피커에서 소리가 나는데, 트랜지스터와 커패시터에 의해 증폭과 충전이 이루어지므로 소리는 점점 커질 것이다.

5.5 패턴도 작성(동박면)

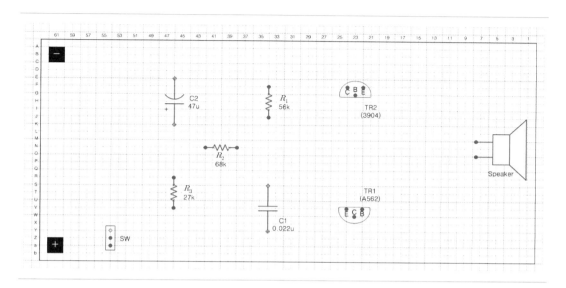

5.6 재료 목록

재료명	규격	단위	수량	비고
콘덴서	$0.022\mu F$	EA	1	마일러
	$47\mu F$	EA	1	전해
저항	$56k\Omega$	EA	1	
	$68k\Omega$	EA	1	
	$27k\Omega$	EA	1	
트랜지스터	A562(or 2N4126)	EA	1	
	3904(or 2N4124)	EA	1	
스위치	Push SW	EA	1	SPST
만능기판	28×62	장	1	
실납	$\phi 1mm$, Sn60%	m	1	
3색 단선	$\phi 0.3mm$	m	1	
직류 전원 공급 장치	DC 9V	대	1	전체

5.7 실습 유의사항

① 실습 시는 항상 실습장 안전수칙을 인지하여야 한다.
② 전자부품의 경우 방향성을 가지는 경우가 많으므로 부품의 극성을 확인한다.
③ 회로에 전원을 인가할 때에는 사용전압을 확인하고 그에 해당하는 전압을 확인한 후 인가하여, 회로고장을 예방한다.
④ 실습 전후에는 정리정돈을 철저히 한다.

5.8 평가 항목

순번	평가 항목	상	중	하	비고
1	패턴도 작성				
2	회로 동작				
3	납땜 및 배선 상태				
4	작업 후 정리정돈				

5.9 부품 배치도 예시(부품면)

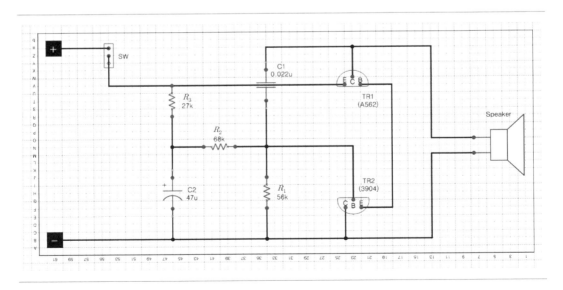

06 / 경고 회로

6.1 실습목표

회로도를 보고 패턴도를 작성하고, 패턴도를 이용하여 만능기판에 회로를 구성하여 동작시킬 수 있다.

6.2 실습순서

① 경고 회로를 이용하여 패턴도를 작성한다.
② 패턴도를 이용하여 만능기판에 회로를 제작한다.
③ 전원을 인가한 후 정상 동작 여부를 확인한다.
④ 정상 동작하지 않을 경우 멀티미터를 이용하여 고장 탐구하여 문제점을 해결한다.

6.3 회로도

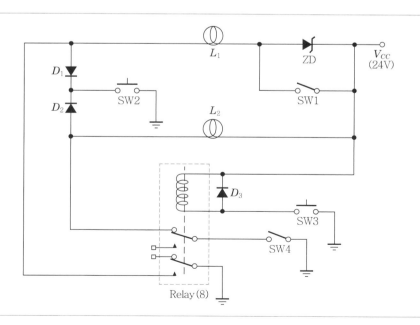

6.4 동작 설명

- 회로는 항공기에 사용하는 경고회로이다. 출력은 2개의 램프(Lamp1과 Lamp2)이고, 입력은 스위치 1번부터 4번(SW1~SW4)까지이다.

- SW1은 12V의 제너다이오드(ZD) 사용 여부를 결정하고, SW2~4는 접지와의 연결 여부를 결정한다.

- Lamp1은 (+)단자는 SW1이 Off일 경우는 ZD을 지나쳐가야 하므로 전원 24V 중 ZD에 걸리는 12V를 제외한 12V만 연결이 된다.

- SW1이 On일 경우는 ZD가 없는 것과 마찬가지이므로 전원 24V가 전부 인가된다. Lamp1의 (−)단자는 우선 아래 방향을 보면 D_1을 통해서 SW2에 연결되고, SW2는 접지랑 연결된다.

- 따라서 SW2가 On인 상태에서 SW1이 Off이면 Lamp1은 어둡게 점등되고, SW1이 On 이면 Lamp1은 밝게 점등된다.

- Lamp1의 왼쪽 연결선을 보면 Relay의 NO 2단자(COM, NC, NO 단자가 2세트 있어 위를 1, 아래를 2로 하였다.)와 연결되었고, COM 2단자는 접지랑 연결되었다. 따라서 Relay가 동작 시 Lamp1은 점등된다.

- Relay는 SW3에 의해 동작하므로 SW3가 On인 상태에서 SW1이 Off이면 Lamp1은 어둡게 점등되고, SW1이 On이면 Lamp1은 밝게 점등된다.

- Lamp2의 (+)단자는 전원(V_{CC})에 바로 연결되어 있고, (−)단자는 위쪽으로는 D_2를 통해 SW2와, 아래로는 Relay의 N/C1, COM1 단자를 통해 SW4와 연결되어 있다. 따라서 Lamp2는 SW2가 On이거나, Relay가 동작하지 않는 상태에서 SW4가 On일 때만 밝게 점등된다.

- 이 회로에서는 모두 3개의 다이오드가 사용되었고, 모두 역전류가 흐르는 것을 방지하기 위해 연결되었다.

- D_1과 D_2는 SW2 Off시 반대 방향으로 전류가 흐르는 것을 방지하고, D_3은 SW3 Off시 릴레이의 코일 단자에 반대 방향으로 전류가 흐르는 것을 방지한다.

- 위 회로만 보면 다이오드의 존재가 무의미해 보이겠지만 항공기에는 이 회로만 사용하는 것이 아니고 무수한 회로가 연결되어 있기 때문에 각각의 회로에 안전장치들이 있어야 최종적으로 발전기로 전류가 흐르는 역전류를 막을 수 있다.

① V$_{CC}$에 +24V를, 접지에 0V를 연결하고, 모든 스위치 Off 상태에서 SW2 On 시 Lamp1
은 어둡게, Lamp2는 밝게 점등

② SW2 On상태에서 SW1도 On하면 램프 모두 밝게 점등

③ SW2 Off하고, SW4 On하면 Lamp2만 밝게 점등

④ 이 상태에서 SW3 On하면 Lamp2 Off, Lamp1이 점등. SW1 Off면 Lamp1은 어둡게,
SW1 On면 Lamp1은 밝게 점등

6.5 패턴도 작성(동박면)

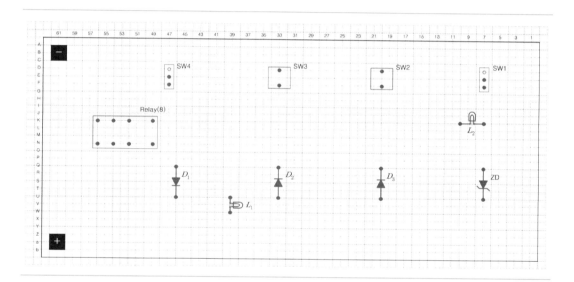

6.6 실습재료

재료명	규격	단위	수량	비고
다이오드($D_1 \sim D_3$)	1N4001	EA	3	
제너다이오드(ZD)	12V	EA	1	
Lamp(L_1, L_2)	24V	EA	2	
스위치(SW1, SW4)	slide 3 Pin	EA	2	SPDT
스위치(SW2, SW3)	push 2 Pin	EA	2	SPST
Relay	DC 24V 8Pin	EA	1	
Relay Socket	16Pin	EA	1	
만능기판	28×62	장	1	
실납	ϕ1mm, Sn60%	m	1	
3색 단선	ϕ0.3mm	m	1	
직류 전원 공급 장치	DC 24V	대	1	전체

6.7 실습 유의사항

① 실습 시는 항상 실습장 안전수칙을 인지하여야 한다.
② 전자부품의 경우 방향성을 가지는 경우가 많으므로 부품의 극성을 확인한다.
③ 회로에 전원을 인가할 때에는 사용전압을 확인하고 그에 해당하는 전압을 확인한 후 인가하여, 회로고장을 예방한다.
④ 실습 전후에는 정리정돈을 철저히 한다.

6.8 평가 항목

순번	평가 항목	상	중	하	비고
1	패턴도 작성				
2	회로 동작				
3	납땜 및 배선 상태				
4	작업 후 정리정돈				

6.9 부품 배치도 예시(부품면)

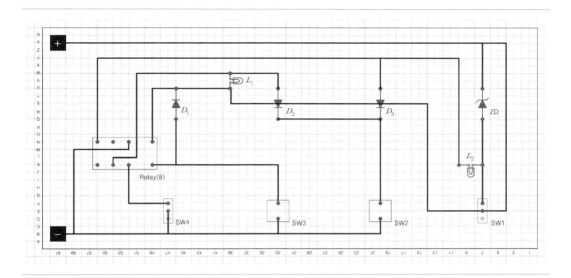

7.1 실습목표

회로도를 보고 패턴도를 작성하고, 패턴도를 이용하여 만능기판에 회로를 구성하여 동작시킬 수 있다.

7.2 실습순서

① 디밍(Dimming) 회로를 이용하여 패턴도를 작성한다.
② 패턴도를 이용하여 만능기판에 회로를 제작한다.
③ 전원을 인가한 후 정상 동작 여부를 확인한다.
④ 정상 동작하지 않을 경우 멀티미터를 이용하여 고장탐구하여 문제점을 해결한다.

7.3 회로도

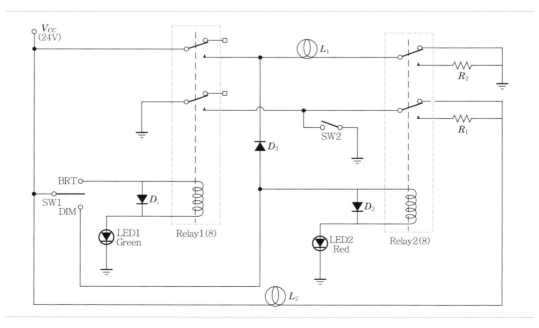

7.4 동작 설명

- SW1이 BRT가 되면 전원이 BRT 단자를 통해서 Relay1의 코일 단자로 연결되고, 코일 단자의 반대편은 LED1을 통해서 접지와 연결되므로 Relay1은 동작하고, LED1도 점등된다.

- 다이오드(D_1, D_2)는 이전 회로에서와 마찬가지로 릴레이의 코일 단자를 통한 역전류를 방지하기 위해 사용되었다.

- Relay1이 동작하면 전원이 Lamp1에 인가되고 Relay2가 동작하지 않는 상태이므로 저항(R_1)을 통하지 않고 접지에 연결되어 정상 전압이 Lamp1에 인가되므로, Lamp1은 밝게 켜진다.

- Lamp2의 (+)단자는 이미 연결된 상태에서 Relay1이 동작하므로 (−)단자는 접지에 연결되고, Lamp1과 마찬가지로 Relay2가 동작하지 않는 상태이므로 저항(R_2)을 통하지 않고 접지에 연결되어 정상 전압이 Lamp2에 인가되므로, Lamp2는 밝게 켜진다.

- SW1이 DIM이 되면 Relay2는 동작하고, LED2는 점등된다.

- Lamp1에는 D₃를 통해 전원이 인가되는데, 이번에는 Relay2가 동작하므로, COM단자가 NO 단자랑 연결되므로 저항(R_1)을 통해 접지랑 연결된다.

- 램프(Lamp1)의 저항과 저항(R_1)이 직렬로 연결되어 있으므로 전압은 두 저항값에 비례하여 분배된다. 따라서 Lamp1은 정상 전압보다 낮은 전압(일부를 R_1에 빼앗기므로)이 걸리므로 어둡게 켜진다.

- Lamp2도 마찬가지로 저항(R_2)을 통해 연결되지만, Relay1이 동작 안하므로 (−)단자는 접지에 연결되지 않아 동작하지 않는다. 이 상태에서 SW2를 ON시키면 접지와 연결되어 Lamp2도 어둡게 켜진다. SW1이 어떤 상태이든 Lamp2는 SW2만 On 시키면 점등된다.

① 스위치 전체 Off 상태에서 전원 인가 후, SW1을 BRT하면 LED1이 점등되고, Lamp1, 2 모두 밝게 점등

② SW1을 DIM하면 LED2 점등되고, Lamp1만 어둡게 점등

③ 이 상태에서 SW2 On하면 Lamp2도 어둡게 점등

7.5 패턴도 작성(동박면)

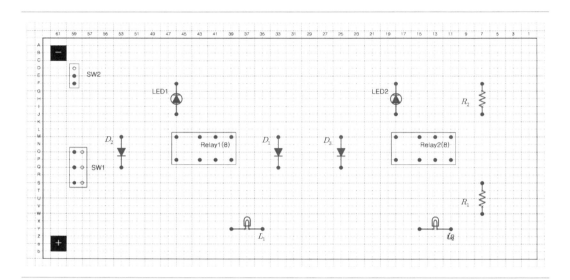

7.6 재료 목록

재료명	규격	단위	수량	비고
다이오드	1N4001	EA	3	
램프	24V	EA	2	
저항	300Ω	EA	2	
LED	5φ, Green	EA	1	
	5φ, Red	EA	1	
Slide 스위치	2열 8핀	EA	1	DP3T
	(소형) 3핀	EA	1	SPDT
릴레이	DC 24V 8 Pin	EA	1	
릴레이 소켓	16Pin	EA	1	
만능기판	28×62	장	1	
실납	φ1mm, Sn60%	m	1	
3색 단선	φ0.3mm	m	1	
직류 전원 공급 장치	DC 24V	대	1	전체

7.7 실습 유의사항

① 실습 시는 항상 실습장 안전수칙을 인지하여야 한다.

② 전자부품의 경우 방향성을 가지는 경우가 많으므로 부품의 극성을 확인한다.

③ 회로에 전원을 인가할 때에는 사용전압을 확인하고 그에 해당하는 전압을 확인한 후 인가하여, 회로고장을 예방한다.

④ 실습 전후에는 정리정돈을 철저히 한다.

7.8 평가 항목

순번	평가 항목	상	중	하	비고
1	패턴도 작성				
2	회로 동작				
3	납땜 및 배선 상태				
4	작업 후 정리정돈				

7.9 부품 배치도 예시(부품면)

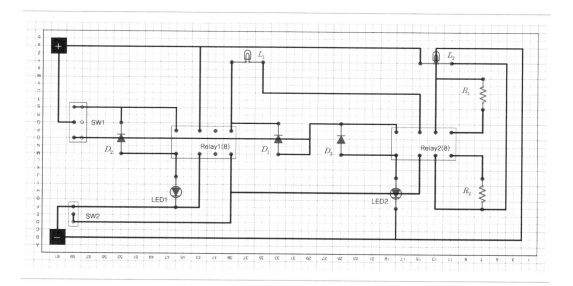

08 APU air inlet door 회로

8.1 실습목표

회로도를 보고 패턴도를 작성하고, 패턴도를 이용하여 만능기판에 회로를 구성하여 동작시킬 수 있다.

8.2 실습순서

① APU air inlet door 회로를 이용하여 패턴도를 작성한다.
② 패턴도를 이용하여 만능기판에 회로를 제작한다.
③ 전원을 인가한 후 정상 동작 여부를 확인한다.
④ 정상 동작하지 않을 경우 멀티미터를 이용하여 고장 탐구한다.

8.3 회로도

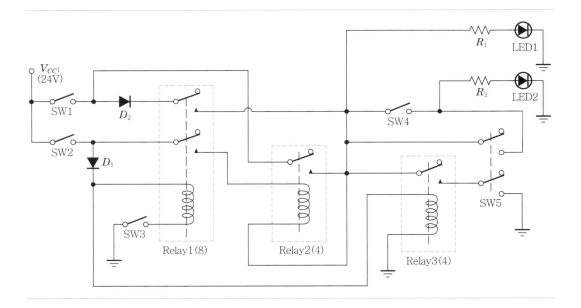

8.4 사전 지식 및 동작 설명

01 사전 지식

보조 동력 장치(APU, Auxiliary Power Unit)는 주 엔진이 너무 커서 배터리만으로 엔진을 시동시키기가 어려울 경우 중간 단계로 사용되는 엔진이다. 즉, 배터리로 APU를 동작시키고, APU에서 얻은 힘을 바탕으로 주 엔진을 시동시키는 것이다. APU도 엔진이므로 공기가 통하는 출입구(Air inlet door)가 있을 것이고, 이 출입구는 APU를 사용하지 않을 때는 닫혀 있어야 하고, APU의 동작 시에는 열려 있어야 한다. APU air inlet door 회로는 이 공기 출입구의 동작 상태를 알려주는 회로이다.

02 동작 설명

- SW1이 On되면 전원이 D_1을 통해 Relay3의 코일 단자랑 연결되어 코일에 전원이 인가되므로 Relay3은 동작한다.
- Relay1이 동작되지 않는 상태(SW3 Off 상태)라면 전원이 Relay2의 코일 (+)단자에 연결되고, (−)단자는 Relay3의 COM과 NO 단자를 통해서 SW5에 연결된다.
- SW5가 On 상태라면 Relay2는 동작한다. 이 상태에서 SW2를 On하면 전원은 Relay2의 COM 단자와 NO 단자를 통해 R_1과 LED1을 통해 접지로 연결되므로 LED1은 점등된다. 또한 Relay2의 NO 단자에서 나온 전원은 SW5를 통한 다음에 R_2과 LED2을 거쳐 접지로 연결되므로 LED2는 점등된다.
- SW5가 Off된 상태에서는 Relay3이 작동하여도 Relay2 코일의 (−)단자가 접지와 연결되지 않아 Relay2는 동작하지 않는다. 이 상태에서 SW1과 SW/3을 On하면 Relay1이 작동하게 되고, SW2가 On 상태라면 전원은 D_2를 통해 SW4까지 오게 된다.
- SW4의 Node에는 R_1, LED1이 연결되어 있으므로 LED1은 점등된다(Relay2와 SW5 부분은 다른 곳과 연결되어 있지 않다). 이 상태에서 SW4를 On하면 LED2도 점등된다.

① 전원을 인가한 상태에서 SW5를 On하고, SW1,2 모두 On한 상태에서만 LED 모두 점등
② 이 상태에서 SW3이나 SW4는 On, Off하여도 LED는 둘 다 점등
③ SW5를 Off한 상태에서 SW3을 ON하면 LED1만 점등
④ SW5를 Off한 상태에서 SW4를 On하면 LED2도 점등

8.5 패턴도 작성 (동박면)

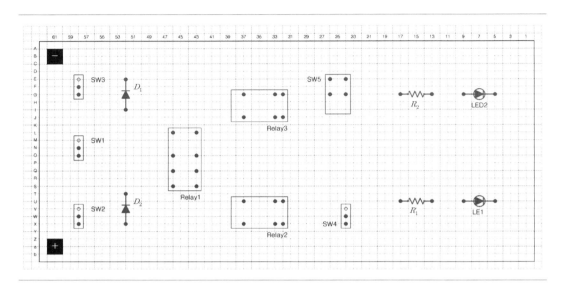

8.6 재료 목록

재료명	규격	단위	수량	비고
릴레이	DC 24V(6 Pin)	EA	2	
	DC 24V(8 Pin)	EA	1	
릴레이 소켓	16 Pin	EA	1	
	14 Pin	EA	2	
슬라이드 스위치	3 Pin(or Toggle SW)	EA	4	SPST
	6/8핀(or Toggle SW)	EA	1	DPDT
다이오드	1N4001	EA	2	
저항	1.2kΩ	EA	2	
LED 1,2	5ϕ, Green	EA	2	
	5ϕ, Red			
만능기판	28×62	장	1	
실납	ϕ1mm, Sn60%	m	1	
3색 단선	ϕ0.3mm	m	1	
직류 전원 공급 장치	DC 24V	대	1	전체

8.7 실습 유의사항

① 실습 시는 항상 실습장 안전수칙을 인지하여야 한다.
② 전자부품의 경우 방향성을 가지는 경우가 많으므로 부품의 극성을 확인한다.
③ 회로에 전원을 인가할 때에는 사용전압을 확인하고 그에 해당하는 전압을 확인한 후 인가하여, 회로고장을 예방한다.
④ 실습 전후에는 정리정돈을 철저히 한다.

8.8 평가 항목

순번	평가 항목	상	중	하	비고
1	패턴도 작성				
2	회로 동작				
3	납땜 및 배선 상태				
4	작업 후 정리정돈				

8.9 부품 배치도 예시(부품면)

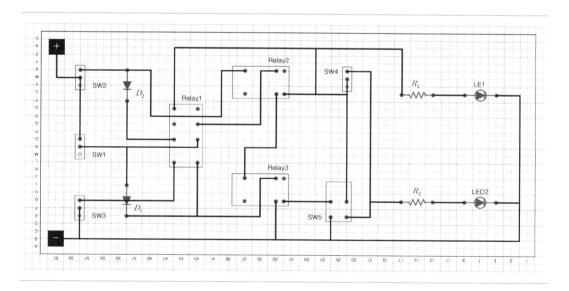

CHAPTER 09 / 조명 회로

9.1 실습목표

회로도를 보고 패턴도를 작성하고, 패턴도를 이용하여 만능기판에 회로를 구성하여 동작시킬 수 있다.

9.2 실습순서

① 조명 회로(1/2)를 이용하여 각각 패턴도를 작성한다.
② 패턴도를 이용하여 만능기판에 회로를 제작한다.
③ 전원을 인가한 후 정상 동작 여부를 확인한다.
④ 정상 동작하지 않을 경우 멀티미터를 이용하여 고장탐구하여 문제점을 해결한다.

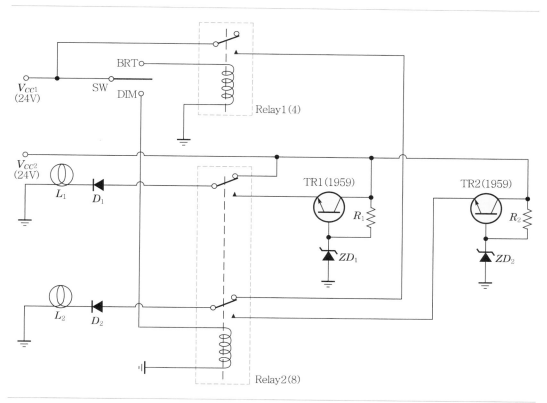

9.3 회로도

그림 5.4 조명 회로 1

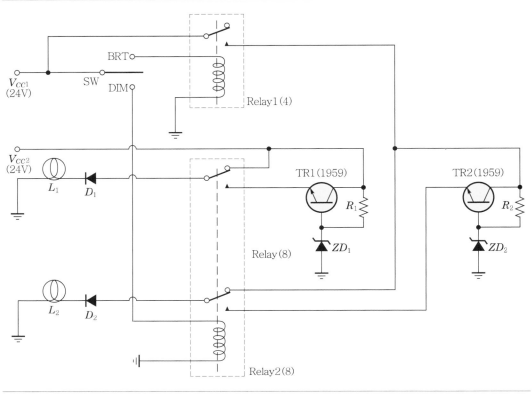

그림 5.5 조명 회로 2

9.4 사전 지식 및 동작 설명

01 사전 지식

가정용이나 사무실 조명은 밝기가 일정하므로 스위치를 이용해서 전기를 연결하거나 연결을 끊거나 하기 때문에 스위치를 켜지거나 꺼지거나 하는 기능만 한다. 그러나 침실에 있는 스탠드(무드 등)는 밝게도 켜지지만 어둡게도 켜진다. 어둡게 켜지는 것을 Dim 혹은 Dimming이라고 한다.

항공기나 기차 등의 운송수단은 밤낮으로 운항하므로, 밤에 운행할 때는 승객들의 편안한 수면을 위해 조명을 줄여주어야 하는데, 모든 승객이 수면을 하는 게 아니므로 아예 끌 수는 없다. 이럴 경우를 위해 어둡게 조명을 밝혀 주어야 하므로 DIM 기능이 필요하다. 또한 비상 조명의 운영도 있다. 일상생활에서 화재나 정전이 발생하여 외부에서 들어오는 전원이 끊기면 낮이라도 건물 내부의 조명이 모두 소등되어 어두워서 대피하기 어렵다. 이럴 경우를 대비해서 건물의 복도에는 비상 조명등이 있다. 외부의 전원이 없으므로 비상 조명등은 주로 배터리를 이용하여 작동한다. 항공기의 경우는 발전기에서 전원을 공급할 수 없는 상태이고, 그럼 배터리를 이용하여 조명을 밝히게 된다. 배터리는 전기가 한정적이므로, 조명이 전기가 덜 소모되는 상태로 사용해야 할 것이다. 이런 상황에서도 Dim 모드로 조명을 사용해야 한다. 혹은 비상구 조명과 같이 사람이 있으나 없으나 24시간 365일 내내 조명이 켜져 있어야 하는 경우도 있다.

조명 회로1과 조명 회로2의 BRT는 Bright의 약자로 조명이 밝게 켜지는 것을 의미하고, DIM은 조명이 어둡게 켜지는 것을 의미한다. 조명(Lamp)에도 저항값이 있으므로 정상 전압을 인가하면 전류가 정상적으로 흘러서 밝게 켜지고, 정상 전압보다 낮게 인가하면 전류도 낮게 흘러서 어둡게 켜진다.

02 동작 설명(조명 회로1)

- Vcc1만 연결된 상태에서 S/W가 BRT에 연결되면 Relay1이 동작하므로 Vcc1의 전원이 Relay2의 NC2, COM2, D_2의 Anode와 Cathode를 통해 Lamp2까지 연결되고(Relay2에는 COM, NC, NO 단자가 2세트 있으므로 편의상 위 세트를 1, 아래 세트를 2로 하였다. Relay가 동작하지 않는 상태에서는 COM 단자는 NC 단자랑 전기적으로 연결되어 있다.), Lamp2의 반대쪽 단자는 접지와 연결되었으므로, Lamp2는 밝게 켜진다.
- SW가 DIM에 연결되면 Relay2가 동작하지만 이 경우 램프가 전부 Vcc2에 연결되어 있는데, 여기에는 전원을 연결하지 않았으므로 아무 일도 일어나지 않는다.
- Vcc2에도 전원을 연결하면 Relay2가 동작하지 않는 상태(SW가 DIM과 연결이 안 된 상태)에서는 Vcc2의 전원이 Relay2의 NC1, COM1, D_1을 통해 Lamp1과 연결되므로, Lamp1은 밝게 점등된다.
- SW가 DIM 상태가 되면 Relay2가 동작하여 COM과 NO 단자가 연결되므로 램프들은 트랜지스터(TR)를 통해 전원과 연결되게 된다.
저항(R_1 R_2)은 TR(TR1, TR2)의 Collector와 Base 단자에 연결되어 TR의 바이어스를 잡아주어 TR을 작동시키게 만들고, TR의 Base 단자에 연결된 제너다이오드(ZD1, ZD2)는 TR의 Emitter 단자의 전압이 낮아지게 만든다. 따라서 Lamp1과 Lamp2는 어둡게 점등된다.
- 다이오드(D_1, D_2)는 이전 회로에서와 마찬가지로 역전류를 방지하기 위해 사용되었다.

- 조명 회로1의 동작을 정리하면 다음과 같다.
① 2개의 전원을 모두 인가하고, SW의 BRT 모드에서 램프 2개 모두 밝게 점등
② SW의 DIM 모드에서는 램프 2개 모두 어둡게 점등

03 동작 설명(조명 회로2)

- 조명 회로2는 회로의 동작을 이해하기 위해 이전회로에서 전선의 연결만 한 군데 변경한 회로이다.
- TR2의 Collector 단자에서 나온 도선이 Vcc2로 연결되지 않고 Relay1의 NO 단자와 COM 단자를 통해서 Vcc1으로 연결되어 있다.
- 이 회로도 Vcc1만 연결된 상태에서 SW를 BRT에 놓으면 Lamp2가 밝게 점등되고, SW를 DIM에 놓으면 Lamp2는 켜지지 않는다.
- Vcc2까지 연결하면 Lamp1의 동작은 조명회로1과 같지만, Lamp2는 DIM상태에서 Relay1이 동작하지 않으므로 전원을 Vcc1으로부터 받지 못해 점등되지 않는다.

- 조명 회로2의 동작을 정리하면 다음과 같다.
  ① 2개의 전원을 모두 인가하고, SW의 BRT 모드에서 램프 2개 모두 밝게 점등
  ② SW의 DIM 모드에서는 Lamp1만 어둡게 점등

9.5 패턴도 작성(동박면)

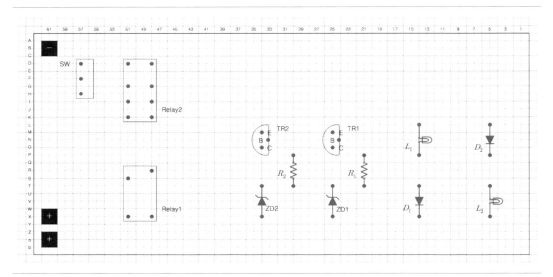

그림 5.6 조명 회로1 패턴

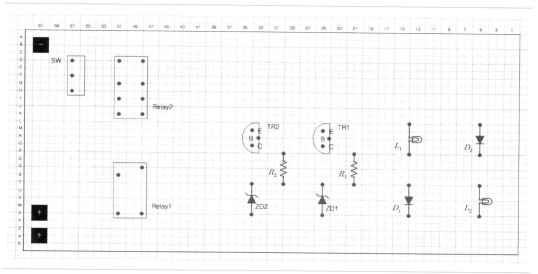

그림 5.7 조명 회로2 패턴

9.6 실습재료

재료명	규격	단위	수량	비고
저항(R_1, R_2)	330Ω	EA	2	
다이오드(D_1, D_2)	1N4001	EA	2	
제너다이오드(ZD1, ZD2)	12V	EA	2	
트랜지스터(TR1, TR2)	1959	EA	2	
스위치(SW)	Slide 스위치	EA	2	2열 8 Pin
Lamp(L_1, L_2)	24V	EA	1	
릴레이(Relay1)	DC 24V, 8 Pin	EA	1	
릴레이(Relay2)	DC 24V, 4 Pin	EA	1	
Relay Socket	16 Pin	EA	1	
	14 Pin	EA	1	
만능기판	28×62	장	1	
실납	ϕ1mm, Sn60%	m	1	
3색 단선	ϕ0.3mm	m	1	
직류 전원 공급 장치	DC 9V	대	1	전체

9.7 실습 유의사항

① 실습 시는 항상 실습장 안전수칙을 인지하여야 한다.
② 전자부품의 경우 방향성을 가지는 경우가 많으므로 부품의 극성을 확인한다.
③ 회로에 전원을 인가할 때에는 사용전압을 확인하고 그에 해당하는 전압을 확인한 후 인가하여, 회로고장을 예방한다.
④ 실습 전후에는 정리정돈을 철저히 한다.

9.8 평가 항목

순번	평가 항목	상	중	하	비고
1	패턴도 작성				
2	회로 동작				
3	납땜 및 배선 상태				
4	작업 후 정리정돈				

9.9 부품 배치도 예시(부품면)

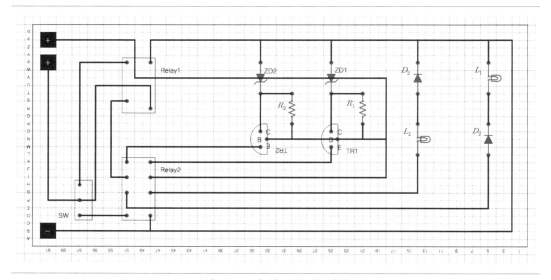

그림 5.8 조명 회로1 부품 배치도

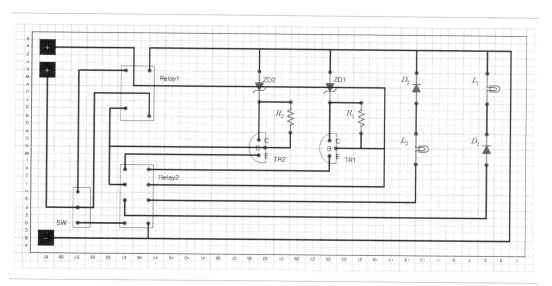

그림 5.9 조명 회로2 부품 배치도

발연감지 회로

10.1 실습목표

회로도를 보고 패턴도를 작성하고, 패턴도를 이용하여 만능기판에 회로를 구성하여 동작시킬 수 있다.

10.2 실습순서

① 발연감지 회로를 이용하여 패턴도를 작성한다.
② 패턴도를 이용하여 만능기판에 회로를 제작한다.
③ 전원을 인가한 후 정상 동작 여부를 확인한다.
④ 정상 동작하지 않을 경우 멀티미터를 이용하여 고장 탐구하여 문제점을 해결한다.

10.3 회로도

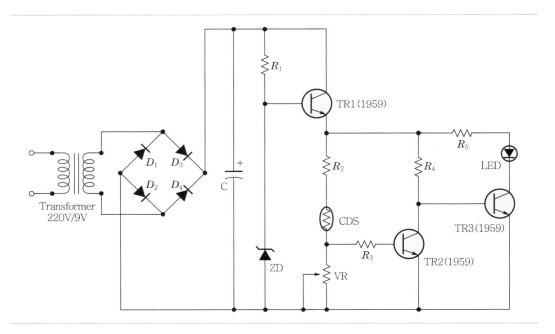

▶10.4 사전 지식 및 동작 설명

01 사전 지식

발연감지 회로는 항공기의 화재감지 장치 중 하나인 연기를 감지하는 화재탐지 회로의 회로도이다. 화재감지의 방법으로는 열감지, 빛(자외선과 적외선)감지, 연기감지, 가스감지 등이 사용되고 있고, 정확도를 높이기 위해서 이 중 두 가지 이상을 동시에 감지하는 방법도 사용하고 있다.

02 동작 설명

- 항공기용 전원인 115V 400Hz가 변압기(Transformer)에 들어오면, 변압기는 DC 9V로 변환하여 다이오드 4개($D_1 \sim D_4$)로 이루어진 전파 정류회로로 보내준다.
- 전파 정류회로를 거친 전압은 커패시터(C)를 거치면서 변화가 느려진 상태가 되고, 이 전압이 직렬로 연결된 R_1과 제너다이오드(ZD)에 걸리게 되어, 전체 전압 중 ZD에 처음 설정된 전압만 ZD에 인가되어 뒤 회로에 직류 전원을 공급한다.
- ZD에 걸린 전압이 저항(R_2)와 센서(CDS), 가변저항(VR)에 나누어 걸리게 된다.
- CDS는 포토레지스터(Photo resistor)로 빛에 따라 저항값이 변하는 소자이다. 사용하는 환경에 따라 조명의 세기가 다르므로, 가변저항을 이용하면 전체 저항을 조절해 준다. 이렇게 가변저항은 감도를 조절하기 위해 사용된다.
- TR1은 CDS 라인에 흐르는 전류를 공급해주기 위해, R_3은 가변저항이 변하더라도 TR2에 안정된 바이어스를 걸어주기 위해, TR3은 LED에 흐르는 전류를 공급해 주기 위해 사용되고, R_4는 LED의 전압을, R_5는 LED의 전류를 조절하기 위해 사용된다.
- 이 회로는 전원을 연결한 상태에서 가변저항을 조절하여 감도를 조절해주면 동작할 상태가 된다.
- 정상적인 상황(조명에 의해 빛이 공급되는 상태)에서는 LED가 꺼져 있는 상태이고, 연기가 발생한 상황(CDS에 입사되는 빛이 줄어들면)에서는 LED가 켜져 화재 상황임을 알려준다.
- 따라서 이 회로만을 이용하면 화재가 발생해 연기로 인해 주위가 어두워진 것인지 조명을 소등하여 주위가 어두운 것인지 구별하지 못한다. 따라서 앞에서 설명한 바와 같이 하나의 방법으로만 화재를 감지하는 것은 오류 발생의 확률이 높아서 2가지 이상을 감지하는 방법이 화재감지 방식으로 많이 사용되고 있다.

10.5 패턴도 작성(동박면)

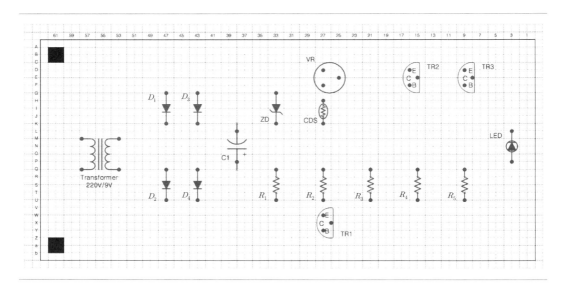

10.6 재료 목록

재료명	규격	단위	수량	비고
콘덴서(C1)	$1,000\mu$F (25V)	EA	1	전해
저항(R_1, R_2)	1kΩ	EA	2	
저항(R_4, R_5)	330Ω	EA	2	
저항(R_3)	5.6kΩ	EA	1	
가변저항(VR)	1kΩ	EA	1	반고정
트랜지스터(TR1~TR3)	1959	EA	3	NPN형
제너다이오드(ZD)	5.6V	EA	1	
다이오드($D_1 \sim D_4$)	1N4001	EA	4	
LED	5ϕ, Red	EA	1	
센서(CDS)	photo	EA	1	
변압기	220(110)V/9V	EA	1	소형
만능기판	28×62	장	1	
실납	ϕ1mm, Sn60%	m	1	
3색 단선	ϕ0.3mm	m	1	
직류 전원 공급 장치	DC 9V	대	1	전체

▶10.7 실습 유의사항

① 실습 시는 항상 실습장 안전수칙을 인지하여야 한다.
② 전자부품의 경우 방향성을 가지는 경우가 많으므로 부품의 극성을 확인한다.
③ 회로에 전원을 인가할 때에는 사용전압을 확인하고 그에 해당하는 전압을 확인한 후 인가하여, 회로고장을 예방한다. 특히 이 회로는 220VAC의 교류전원을 사용하므로 전원 인가 시 취급에 주의하여야 한다.
④ 실습 전후에는 정리정돈을 철저히 한다.

▶10.8 평가 항목

순번	평가 항목	상	중	하	비고
1	패턴도 작성				
2	회로 동작				
3	납땜 및 배선 상태				
4	작업 후 정리정돈				

▶10.9 부품 배치도 예시(부품면)

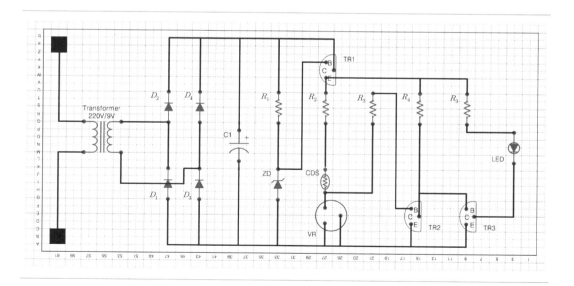

PART

06

항공장비 정비 실습

1.1 실습목표

변압기의 원리를 이해하고, 코일저항 측정과 절연저항 측정 실습을 통하여 변압기의 고장탐구를 할 수 있다.

1.2 실습재료

구분	종류	수량
변압기	220V / 12V	조별 1개
멀티미터	ST-506TR Ⅲ	조별 1개
절연저항계	IR4056	조별 1개

1.3 사전 지식

01 전자석(electromagnet)의 원리

1820년 덴마크의 물리학자인 한스 크리스티안 외르스테드(Hans Christian Oersted)는 전류가 흐르는 도선으로 가져간 나침반의 자침이 편향하게 된다는 것을 발견했다. 전류흐름이 정지되었을 때, 나침반의 지침은 원래의 위치로 되돌아 왔다. 그는 도선이 비자성체인 구리로 만들어졌기 때문에, 자기장은 전자가 흐르고 있는 곳에서 도선과 관계가 없다는 것을 발견하였다. 전선을 통하여 움직이는 전자는 도선 주위에 자기장을 만들어내었다.

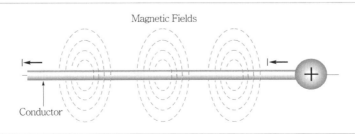

그림 6.1 전류가 흐르는 도선 주위로 형성된 자기장

자기장은 대전한 입자에 수반하여 일어나기 때문에, 전류량이 더 많아지면 많아질수록 자기장은 더 강해진다. 그림 6.1에서는 전선을 이동하는 전류 주위의 자기장을 보여준다.

앙페르의 오른손 법칙(혹은 오른나사 법칙, Ampere's right-handed screw rule)은 이렇게 형성된 자기장과 전류의 방향성에 대해 설명해 준다. 앙페르의 오른손 법칙은 오른손의 엄지손가락만 폈을 때 엄지손가락이 지시하는 방향이 전류의 방향이라면 나머지 네 손가락이 지시하는 방향이 자기장의 방향이라는 법칙으로, 그림 6.2와 같다. 전기로 자기장을 형성할 수 있다면, 전기로 자석을 만들 수 있겠다는 생각에서 나온 것이 전기로 만든 자석인 전자석이다. 자석이 되려면 자기장이 직선 형태로 나와야 하므로 자기와 전류의 방향이 변경되어야 한다.

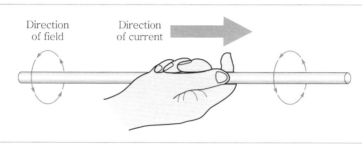

그림 6.2 앙페르의 오른손 법칙

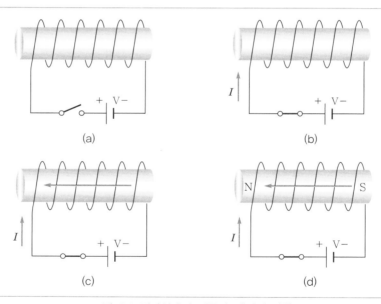

그림 6.3 전자석에서 전류와 자기의 방향

플레밍의 오른손 엄지손가락 법칙은 오른손의 엄지손가락만 폈을 때 나머지 네 손가락이 지시하는 방향이 전류의 방향이라면 엄지손가락이 지시하는 방향이 자기장의 방향이라는 법칙이다. 전자석은 이 법칙에 의해 방향이 결정된다.

그림 6.3 (a)는 철심에 도선을 감고 스위치와 전원을 연결한 것이다. 코일(도선을 감아 놓은 것)의 중심(Core)은 자석이 되어야 하므로 자성체인 철과 같은 물질을 사용해야 한다. 스위치가 열린 상태여서 전류는 흐르지 않고, 철심에는 아무런 일도 발생하지 않는다. 여기서 그림 6.3 (b)처럼 스위치를 닫으면 전원(V)에 의해서 I와 같이 전류가 흐를 것이다. 그러면 그림 6.3 (c)처럼 오른손 엄지손가락 법칙에 의해 오른쪽에서 왼쪽 방향으로 자기가 형성된다.

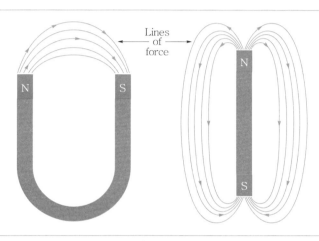

그림 6.4 자석 주의의 자기력선

자석의 외부에서 보면 그림 6.4처럼 자기력선의 방향은 N극에서 S극이므로, 순환을 하려면 내부에서는 S극에서 N극의 자기가 이동하여야 한다. 따라서 그림 6.3 (d)와 같이 철심의 왼쪽이 N극, 오른쪽이 S극이 된다. 전류에 의해 자기가 형성되는 것이므로 전류가 커지면 자기장의 세기도 커진다. 자기장의 세기, 즉 자속밀도의 단위는 wb/m^2이고, MKS단위계에서는 T(테슬라)를 사용한다. $1wb/m^2 = 1T = 1,000G$(가우스)이다. 1테슬라는 자기장에 수직으로 매초 1m의 속도로 움직이는 1C(쿨롱)의 전하가 1N(뉴턴)의 힘을 받는 것을 의미한다. 전류의 방향이 반대가 되면 자기장의 방향도 반대가 되므로 극이 변경된다. 이는 자석의 인력(attraction)과 척력(repulsion)을 이용한 전동기가 일정한 각도만 돌다가 멈추는 것이 아니고, 계속 회전을 하는 이유를 설명할 수 있다. 내부나 외부에 영구자석이 아닌 전자석을 이용하면 전류로 자기장의 세기와 방향을 변경할 수 있기 때문에 계속적인 힘을 가할 수 있고, 이는 전동기가 일정한 속도로 회전을 할 수 있게 만들어 준다.

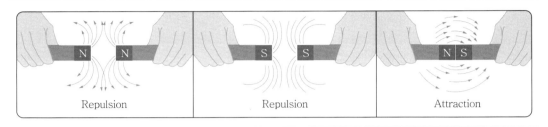

그림 6.5 자석의 인력과 척력

02 유도기전력의 원리

렌츠의 법칙은 자기가 변화하는 것을 방해하는 방향으로 자기가 형성된다는 법칙이다.

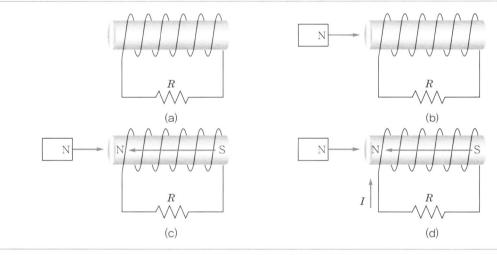

그림 6.6 렌츠의 법칙에 의한 자기 형성

그림 6.6 (a)와 같이 철심에 도선을 감은 회로를 준비하고, 이번에는 전압을 연결하는 것이 아니고 저항을 연결한다. 회로에 전원공급원이 없으므로 회로에는 아무런 일도 발생하지 않는다. 그림 6.6 (b)와 같이 막대자석의 N극을 서서히 가져다 대면 렌츠의 법칙에 의해 이 자기의 변화를 방해하는 방향으로 자기가 형성되므로 막대자석의 N극을 밀어내려는 방향으로 자기가 형성된다. N극을 밀어내려면 같은 극인 N극이 형성되어야 하고, 한쪽에 N극이 형성되면 바로 반대편에는 S극이 형성된다. 따라서 자기의 방향은 그림 6.6 (c)와 같을 것이다. 오른손 엄지 손가락 법칙에 의해 이 자기는 전류를 유도하고 그림 6.6 (d)와 같이 전류 I가 흐르게 된다. 저항 R에 전류가 흐르므로 전압이 발생하고, 이 발생한 전압은 전원으로 사용이 가능하므로

기전력을 의미하는 E로 표시할 수 있다. 자기로 유도되어 발생한 기전력이라고 하여 이를 유도기전력(induced electromotive force)이라고 한다. 이때 생성된 유도기전력의 크기는 얼마나 될까? 자기의 변화가 크면(막대자석 자체의 세기가 크던지 혹은 막대자석이 빨리 움직이던지) 방해하려는 힘은 커질 것이다. 따라서 그만큼 전류의 크기도 커지게 된다. 또한 철심에 코일을 감았기 때문에 자기가 전류로 변환되는 것이기 때문에 코일을 많이 감으면 생성되는 전류도 더 많아지게 된다. 이를 수식으로 정리하면 다음과 같고, 이것이 패러데이의 전자유도법 칙이다. 여기서 자속을 시간에 관해 미분한 것이 자기의 변화량을 의미한다. 또한 (−)는 방해하려는 방향으로 자기가 형성되는 것을 의미한다.

$$E = - N\frac{d\phi}{dt}$$

(단, N은 코일 감은 수, ϕ는 자속을 의미한다.)

03 변압기(transformer)

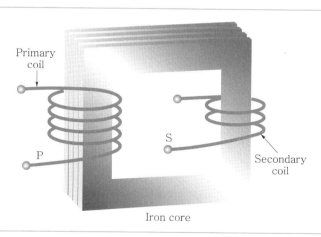

그림 6.7 변압기의 기본 구조

그림 6.7과 같이 속이 빈 철심(iron core)의 양쪽에 코일을 감은 다음에 1차단의 코일(primary coil)에 전압을 인가하면 1차 코일에 전류가 흐르고, 전류가 흐르면 주위로 자기장이 형성된다. 렌츠의 법칙에 의해 2차단의 코일(secondary coil)에는 자기장이 형성되고, 자기장에 의해 2차 코일에는 전류가 흐른다. 단, 렌츠의 법칙은 자기가 변화하여야 적용할 수 있으므로, 1차 코일의 자기는 변화해야 한다. 코일은 철심에 고정되어 있으므로 자기를 변화시키기 위해서는 전류가 변화해야 한다. 전류가 변화하려면 전압이 변화해야 하고, 이렇게 시간에

따라 주기적으로 변화하는 전기를 교류(AC, alternative current)라고 한다. 1차단의 전압과 2차단의 전압 사이의 관계는 패러데이의 전자유도 법칙에 따른다. 패러데이의 전자유도 법칙은 앞에서 설명한 것과 같이 기전력이 코일 감은 수(N)와 자속변화($\frac{d\phi}{dt}$)에 비례한다는 것인데, 자속변화는 2개가 코일이 같은 위치에 고정되어 있으므로 같을 것이다. 따라서 기전력은 코일 감은 수에만 비례하게 되고 이를 수식으로 나타내면 아래와 같다. 수식에서 아래첨자로 쓰여진 1과 2는 1차단과 2차단을 의미한다.

$$\frac{N_1}{N_2} = \frac{E_1}{E_2} = \frac{I_2}{I_1}$$

이렇게 교류전압을 변경하는 장치를 변압기라 한다. 따라서 변압기는 시간에 따른 크기의 변화가 없는 직류(DC, direct current)는 변환시키지 못하고, 직류는 다이나모터를 이용하여 변경한다. 다이나모터는 직류전동기와 직류발전기가 합쳐진 형태로 회전식 인버터와 직류발전기와 교류발전기만 다를 뿐 동작원리는 같다. 전체 전력은 변화 없기 때문에 전력의 관계식 $P = VI$에서 보듯이 전압은 코일감은 수에 비례하지만, 전류는 반비례한다.

$$\frac{E_1}{E_2} = \frac{I_2}{I_1}, \ P_1 = E_1 I_1 = E_2 I_2 = P_2$$

만약 2차단의 코일 양끝에서만 단자를 뽑아 전압을 사용하는 것이 아니라 중간에 단자를 만들면 어떤 일이 발생할까? 예를 들어서 1차단에 코일을 1,000번 감고, 2차단에 코일을 120번 감은 다음 1차단에 100VAC를 인가하면 2차단에서는 12VAC의 출력이 나올 것이다. 여기서 2차단의 120번 코일 감은 곳을 4등분하여 각각 30, 60, 90번 감은 곳에 단자를 만들면 그 단자들에서 나오는 전압은 각각 3VAC, 6VAC, 9VAC가 될 것이다. 즉 하나의 변압기로 다양한 출력 전압이 나오게 제작할 수 있다. 이는 입력에서도 마찬가지로 적용할 수 있다.

물론 실제 변압기는 위의 이론적인 계산처럼 코일 감은 수와 전압이 정확하게 비례하는 효율 100%의 장비는 아니다. 코일 중심부의 자기 전달과 코일 외곽부분의 자기전달이 같을 수 없고, 철에 의한 손실인 철손도 있고, 코일의 저항에 의한 동손도 있다. 1차단의 자기가 2차단에 어느 정도 전달되는지를 나타내는 것으로 결합계수라고 있다. 코일이 많을수록 효율이 올라가기 때문에 변압기나 전자석에 사용하는 전선은 일반 전선처럼 두꺼운 피복을 사용하지 않고 얇은 절연체를 코팅하듯 사용한다. 따라서 얼핏 보면 피복이 없는 도선으로 보일 수도 있다. 1차단에 전압이 들어가 2차단으로 전압이 나오므로 1차단을 입력, 2차단을 출력이라고 부르고, 전압을 올리는 변압기를 승압 변압기(step-up transformer), 전압을 내리는 변압기를 강압 변압기 (step-down transformer)라고도 부른다.

1.4 실습 유의사항

① 실습 시는 항상 실습장 안전수칙을 인지하여야 한다.
② 실습 전후에는 정리정돈을 철저히 한다.
③ 측정기의 금속 부분에 피부가 접촉하는 일이 없도록 주의한다. 특히 절연저항계의 경우 는 높은 전압이 기기에서 인가되므로 주의한다.

1.5 실습순서

01 변압기 코일 저항 측정

① 그림 6.8과 같이 입력 단자나 출력 단자가 여러 가지인 변압기와 멀티미터를 준비한다.

(a) 변압기의 입력단   (b) 변압기의 출력단

그림 6.8 소형 변압기

② 입력단의 코일 저항을 멀티미터를 이용하여 측정한다. 측정 방법은 멀티미터의 저항 측정과 동일하다. 입력단이 여러 가지인 경우는 각각 측정한다. 예를 들어서 그림 6.8 (a)의 변압기는 단자가 3개로 0V, 110V, 220V로 표시되어 있다. 전원이 110V인 경우 는 0V와 110V에 연결하여 사용하고, 전원이 220V인 경우는 0V와 220V에 연결하여 사용하라는 의미이다. 따라서 멀티미터의 (−)단자를 0V에 연결하고, (+)단자를 110V 에 연결하여 저항을 측정한 다음 (+)단자를 220V에 연결하여 측정하면 입력단의 코일 저항을 측정할 수 있다.

③ 출력단의 코일 저항을 멀티미터를 이용하여 측정한다. 출력단이 여러 가지인 경우는 각각 측정한다. 예를 들어서 그림 6.8 (b)의 변압기는 단자가 5개로 0V, 3V, 6V, 9V,

12V로 표시되어 있으므로 입력단과 마찬가지로 0V에 멀티미터의 (−)단자를 연결한 상태에서 (+)단자를 각각 3V, 6V, 9V, 12V에 연결하여 저항을 측정하면 된다.

④ 측정한 변압기의 코일 저항을 통해 서로의 관계에 대해 확인한다.

앞서 설명한 것처럼 저항값을 결정하는 요소에는 고유저항, 단면적, 길이, 온도가 있다. 코일의 재질이나 단면적, 온도는 동일하므로 코일의 저항값은 오직 길이에 의해서만 달라질 것이다. 전압은 코일 감은 수에 비례하고, 코일 감은 수는 코일의 길이에 비례하고, 길이는 저항값에 비례한다. 따라서 각 코일의 저항값의 비율과 전압의 비율은 비례하게 된다. 예를 들어서 그림 6.8 (b) 변압기의 출력단 중 0V를 기준으로 3V의 저항이 1Ω이라면, 6V는 2Ω, 9V는 3Ω, 12V는 4Ω의 저항값이 나와야 한다. 계기의 오차나 변압기의 효율을 감안해도 이 비율과 너무 많은 차이를 보이면 변압기의 고장을 의심해 봐야 한다. 즉, 코일 내부의 단선이나 단락에 의해서 고장이 발생한 것을 변압기의 코일 저항 측정을 통해서 확인할 수 있다.

02 변압기 절연저항 측정

① 절연저항(insulation resistance)은 장비의 케이스(case)가 전기적으로 전기를 사용하는 부분과 연결되었는지 확인하기 위해 측정한다. 케이스에 전기가 흐르면 사용자가 감전될 수 있다. 가정용 전자제품의 경우 이를 원천적으로 차단하기 위해서 전자제품의 케이스를 절연체인 플라스틱으로 만들거나 도체인 경우에는 케이스에 절연체인 페인트를 칠해 절연을 시킨다. 산업용 장비나 항공기용 장비는 외형보다는 튼튼함이 최우선이기 때문에 금속 케이스를 사용하고 이를 그대로 노출시키는 경우가 많다. 따라서 절연저항을 반드시 확인하여야 한다. 전기전자장비는 전원이 인가되어야 동작하고, 케이스가 전기를 사용하는 부분과 전기적으로 연결되었다는 의미는 전원과 어떻게든 전기적으로 연결이 되었다는 의미이다. 따라서 장비의 케이스와 전원이 들어가는 부분의 전기적인 연결 여부를 확인하여야 한다. 절연저항계(insulation tester)는 절연저항을 측정하는 측정기로, 메가옴미터(mega−ohm meter)라고도 하고 줄여서 메거(megger)라고도 한다. 메가옴미터는 측정기에서 측정부에 전압을 인가하여 전류가 흐르면 이를 옴의 법칙을 이용하여 저항값으로 표현한다. 체질에 따라 다르지만 사람은 몸속에 50mA 이상의 전류가 흐르면 사망에 이르게 된다. 따라서 허용 가능한 전류의 양은 이보다 작게 되고, 전류와 저항은 반비례하므로 높은 저항인 MΩ 단위는 되어야 절연 여부를 확인할 수 있어 메가옴미터라고도 하는 것이다. 절연저항계는 모든 장비가 그렇듯이 아날로그 방식과 디지털 방식이 있는데, 아날로그 방식의 멀티미터를 이전 실습에서

사용해 보았으므로 이번 실습에서는 디지털 절연저항계를 사용할 것이다.

② 디지털 절연저항계를 준비한다. 그림 6.9의 절연저항계는 IR 4056 Insulation tester 이다.

그림 6.9 HIOKI사의 IR 4056 Insulation tester

우선 회전선택 스위치를 간단히 살펴보면 Off 바로 아래는 Ω으로 표시되어 있고, 이는 저항을 측정하는 모드로 일반 저항이나 코일 저항 등을 측정하기 위해 사용된다. Off 바로 위에 있는 V는 전압을 측정하는 모드로 장비의 사용전압을 측정하기 위해서 사용된다. 그 위로는 50V, 125V, 250V, 500V, 1,000V로 되어 있는데 이 부분은 장비의 실제 사용 전압을 기준으로 한다. 위에 설명한 변압기는 220V 전압에서 동작하므로 이보다 큰 250V에 놓고 측정한다. 220V에서 동작하는 장비에 500V나 1,000V를 인가할 일은 없기 때문이다. 또한 이보다 낮은 50V나 125V에서 사용할 일도 없기 때문이다. 장비가 전원을 얼마를 사용하든 사람이 느끼는 전류는 기준이 있으므로 전압이 증가할수록 측정할 수 있는 저항은 증가한다(옴의 법칙에서 전류가 고정된 값이면 저항과 전압은 비례한다). 절연저항계는 실제로 회전선택 스위치에 있는 전압을 인가한다. 건전지로 동작하는 휴대용 장치이므로 우리가 생각하는 전원처럼 긴 시간을 인가하지 못하고 아주 짧은 시간 동안만 전압을 인가한다. 그래도 상당히 위험하기 때문에 멀티미터보다 안전장치가 더 있다. 바로 회전선택 스위치 위에 있는 Measure Key이다. 전압을 인가하는 측정 시(전압 측정을 제외한 모든 측정)에는 Measure Key를 동작시켜야지만 장비에서 전압을 인가하여 측정을 할 수 있다. 500V나 1,000V는 Release key라는 하나의 안전장치가 더 있다. 500V나 1,000V 선택 시에는 Release key를 먼저 눌러야지 측정이 가능하다.

그림 6.10 IR 4056 Insulation tester의 작동키

그림 6.11 IR 4056 Insulation tester의 표시부

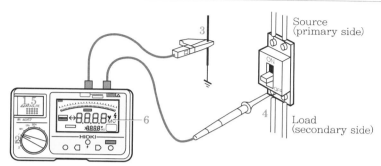

Ex. When measuring the insulation resistance between circuit and ground

① "MEASURE KEY"가 위로 당겨진 위치에 있으면 아래로 누름
② 회전 선택기를 500V~1,000V의 테스트 전압으로 설정
　 500V 또는 1,000V 범위에서 "500V/1,000V RELEASE KEY"를 눌러 잠금을 해제
③ 검정색 테스트 리드를 측정대상 물체의 접지면에 연결
④ 적색 테스트 리드를 측정할 라인에 연결
⑤ "MEASURE KEY"를 누른다(지속적인 측정을 하려면 버튼을 위로 당깁니다).
⑥ 지시계가 안정된 후에 값을 측정
⑦ 테스트 리드가 측정 대상에 연결되어 있는 동안 측정 키 끄기
⑧ 최종 측정값이 "Hold"와 함께 표시되고 방전이 시작
⑨ "Flashs(번개 모양)"이 사라지면 측정이 완료

그림 6.12 IR 4056 Insulation tester의 사용법

그림 6.10은 IR 4056 Insulation tester의 사용설명서(manual)에 나온 장비의 앞면 (front panel)에 대한 설명이고, 그림 6.12는 IR 4056 Insulation tester의 사용설명서(manual)에 나온 사용법이다.

③ 그림 6.12를 참고하여 변압기의 절연저항을 측정한다. 그림 6.12의 맨 위 그림에서 보듯이 절연저항은 장비에 전원이 인가되지 않은 상태에서 측정한다. Earth 단자는 변압기의 케이스에 연결하고, Line 단자를 이용하여 전기가 들어가거나 나오는 단자를 모두 확인하면 된다.

④ 측정 가능한 저항의 최대치가 나오면 절연저항이 정상인 변압기이다.

1.6 평가 항목

순번	평가 항목	상	중	하	비고
1	변압기의 원리 설명				
2	변압기의 코일저항 측정				
3	절연저항계 사용법 숙지				
4	변압기의 절연저항 측정				
5	작업 후 정리정돈				

CHAPTER 02 / 전동기 고장 탐구

2.1 실습목표

전동기의 원리를 이해하고, 실제 전동기에서 각 부분의 명칭 및 역할을 설명할 수 있으며, 전동기의 코일저항 측정과 절연저항 측정 실습을 통하여 전동기의 고장탐구를 할 수 있다.

2.2 실습재료

구분	종류	수량
전동기	직원전동기, 유도전동기	조별 1개
멀티미터	ST-506TRⅢ	조별 1개
절연저항계	IR 4056	조별 1개

2.3 사전 지식

01 직류전동기의 동작원리

시동기에서 자동조종장치까지 비행기의 대부분 장치는 직류전동기의 기계적 에너지에 의해 동작한다. 전동기는 전기에너지를 기계에너지로 변형시키는 회전기이다. 전동기는 전기자와 계자로 이루어져 있다. 전기자는 송전선이 자기장에 의해 영향을 미치는 곳에서 회전부분이다. 송전선이 자석의 자기장 내에 놓였을 때에는 언제나, 힘이 전선에 작용한다. 힘은 흡인 또는 반발 중 어떤 것도 아니지만, 그것은 전선에 수직으로 있고 또한 자석에 의해 새로이 만들어지는 자기장에 수직으로 있다. 전선은 2개의 영구자석 사이에 놓여 있고, 자기장에서 자력선은 북극에서 남극으로 있다. 그림 6.13 (a)과 같이 전선에 전류흐름이 없을 때, 힘은 전선에 가해지지 않는다. 그림 6.13 (b)와 같이 전류가 전선을 통해 흐를 때, 자기장은 그것의 주의에 새로이 만들어진다. 자기장의 방향은 전류흐름의 방향에 따른다. 어느 한 방향으로 전류는 전선에 대하여 시계방향 자기장, 그리고 다른 쪽 방향에 전류는 반시계방향 자기장을 만들어낸다.

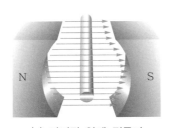 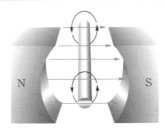 

(a) 자기장 안에 전류가
흐르지 않는 도선

(b) 전선에 전류가 흐를 때
자기장 형성

(c) 자기장에 의한
전선의 이동

그림 6.13 자기장 내에 놓여 있는 송전선에서 힘의 작용

송전선이 자기장을 일으키기 때문에, 반작용은 전선의 주위에 자기장 사이에서 일어나고 자석 사이에 자기장이 일어난다. 전류가 전선에 대하여 반시계방향 자기장을 만들어내는 방향으로 흐를 때, 이 자기장과 자석 사이에 자기장은 자력선이 동일한 방향에 있기 때문에 전선의 밑바닥에서 더해지거나 보강한다. 전선의 꼭대기에서, 그들은 2개의 자기장에 있는 자력선은 방향에서 정반대의 것이기 때문에, 빼거나 중화한다. 그러므로 밑바닥에서 결과로 일어나는 자기장은 강해지고 꼭대기에서 자기장은 약해진다. 결론적으로, 그림 6.13 (c)와 같이 전선은 위쪽 방향으로 밀어진다. 전선은 항상 자기장이 가장 강한 쪽에서 떠나서 밀어준다. 만약 전선을 통해 흐르는 전류가 방향에서 반대로 되었다면, 2개의 자기장은 꼭대기에서 더해지고 밑바닥에서는 뺀다. 전선은 항상 강한 자기장에서 떠나서 밀어주기 때문에, 전선은 아래쪽으로 밀어주게 된다.

(1) 평행도선 사이에 힘(force between parallel conductors)

가까이에 있는 2개의 전선송전은 그들의 자기장 때문에 서로 힘을 발휘한다. 그림 6.14 (a)에서, 양쪽 도선에 흐르는 전자는 읽는 사람의 쪽을 향하여 있고, 자기장은 도선 주위에 시계방향으로 생긴다. 전선 사이에서, 자기장은 2개의 자기장이 서로에 반대하기 때문에 상쇄된다. 전선은 약해진 자기장의 방향, 즉 서로를 향하여 밀어낸다. 그림 6.14 (b)에서 2개의 전선에서 흐르는 전자는 반대방향에 있다. 그 결과로서 자기장이 보여준 것과 같이, 한 곳에서 시계방향으로, 다른 곳에서 반시계방향이다. 자기장은 2개의 전선 사이에서 서로 보강되고, 그리고 2개의 전선은 서로 멀리, 더 약한 자기장의 방향으로 밀어낸다. 이 힘은 반발 중 하나이다. 요약하면, 같은 방향에 있는 도선 송전은 서로 끌어당기려는 경향이 있고, 반대방향에 있는 도선 송전은 서로 반발하려는 경향이 있다.

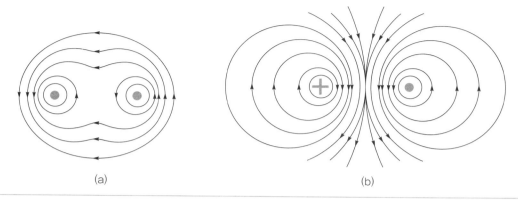

그림 6.14 전류가 흐르는 두 선 사이의 자기력

(2) 회전력 발생(developing torque)

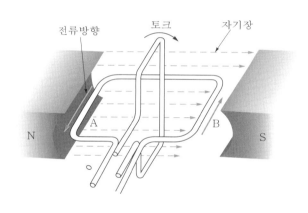

그림 6.15 전동기의 회전원리

만약 전류가 흐르고 있는 곳에 코일이 자기장 내에 놓여 있다면, 힘은 그 코일로 하여금 회전하게끔 만들어낸다. 그림 6.15에서 보여준 코일에서, 전류는 변 A에서 안쪽 방향으로 흐르고 변 B에서는 전류가 바깥쪽 방향으로 흐른다. 변 B의 주위에 자기장은 시계방향으로, 변 A의 주위에 자기장은 반시계방향으로 된다. 힘은 변 B 아래쪽 방향으로 밀어주는 것으로 전개될 것이다. 동시에 전류가 안쪽 방향으로 있는 곳에서, 자석의 자기장과 변 A의 주위에 자기장은 밑바닥에서 더해지고 꼭대기에서는 빼므로 A는 위쪽 방향으로 움직일 것이다.

그림 6.15에서 나타낸 평행한 코일과 수직인 코일은 그것의 면이 자석의 N극과 S극 사이에 자력선에 수직할 때까지 회전할 것이다. 회전을 만들어내려는 힘의 성향은 회전력이라고 부른다. 자동차의 조향장치가 돌려질 때, 회전력은 가해진다. 비행기의 엔진은 프로펠러에 회전력을

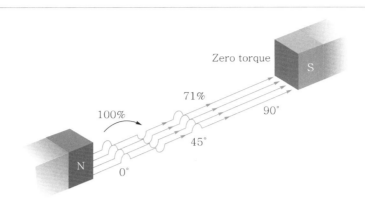

그림 6.16 각도의 변화에 따른 코일에 작용하는 힘

제공한다. 회전력은 또한 방금 설명했던 송전코일의 주위에 반응하는 자기장에 의해서 발생하는
데, 이것이 코일을 돌리는 회전력이다.

　왼손전동기법칙(left-hand motor rule)은 자기장 내에서 움직이려는 송전선에 방향을 판정
하는 데 사용될 수 있다. 플레밍의 왼손 법칙에 의해 검지손가락이 자기장의 방향, 중지 손가락
이 전류의 방향이면, 엄지손가락은 송전선이 움직이려는 방향을 지시할 것이다. 코일에서 발생
된 회전력의 양은 자기장의 세기, 코일로서 코일 감은 수(권선수), 코일이 감겨 있는 코어의
재질에 따른다. 자석은 강한 자기장을 만들어내는 특수강으로 만든다. 매번 감김에 작용하는
회전력이 있기 때문에, 권선수가 많을수록 회전력이 더 크다. 그림 6.16에서처럼 균일한 자기장
에 위치된 정상전류를 운반하는 코일에서, 회전력은 회전의 연속하는 위치에서 바뀔 것이다.
코일의 면이 자력선에 평행할 때, 회전력은 0이다. 그것의 면이 직각으로 자력선을 절단할
때, 회전력은 100%이다. 중간 위치에서, 회전력은 0~100% 사이의 범위를 정한다.

(3) 직류전동기의 기본 동작

　전류가 흐르는 곳을 통과한 전선의 코일은 자기장 내에 놓여 있을 때 회전할 것이다. 이것은
직류전동기의 구조를 결정하는 기술의 기본원리이다. 그림 6.17에서는 그것이 회전할 수 있는
자기장에 설치된 코일을 보여준다. 그러나 만약 배터리로부터 보조모선이 코일의 단자에 영구히
고정되었고 전류의 흐름이 있었다면, 코일은 오직 그것이 자기장과 자신이 일치될 때까지 회전
하게 된다. 그다음에, 그것은 그 지점에서 회전력이 0으로 되기 때문에 멈추게 된다. 물론,
전동기는 회전하기를 지속해야 한다. 그런 까닭에 코일이 자력선에 평행하게 되는 바로 시점에
서 코일에 있는 전류를 반대로 되게끔 장치를 설계하는 것이 필요하다. 이것은 다시 회전력을
만들어 낼 것이며 코일로 하여금 회전하게 한다. 만약 전류 역전장치가 코일이 멈추는 시점마다

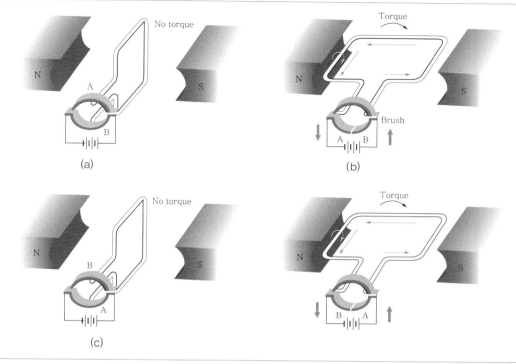

그림 6.17 기본적인 직류전동기의 동작

전류를 반대로 하도록 새로이 만들어준다면, 코일은 원하는 것처럼 오랫동안 회전하기를 지속하도록 만들 수 있다. 이것이 되고 있는 한 가지 방법은 코일이 회전할 때, 각각의 접촉이 그것이 연결된 곳에서 단자를 미끄러져 나가고 정반대의 극성의 단자에 미끄러져 내리고 반대극성을 미끄러져 들어가도록, 회로를 연결하는 것이다. 다시 말하면, 회전력을 보전하고 코일 회전하기를 유지하는 코일 접촉은 코일이 회전할 때 연속적으로 단자를 바꾼다. 그림 6.17과 같이 코일 단자편은 A와 B로 분류되었다. 코일이 회전하면 편은 고정된 단자 또는 브러시를 미끄러져 들어가고 지나가버린다. 이 배열로 코일의 쪽에서 그 다음의 북극을 향하는 극으로 전류의 방향은 읽는 사람 쪽으로 흐르고, 그리고 코일의 그쪽에서 작용하는 힘은 아래쪽 방량으로 그것을 돌린다. 한쪽 전선에서 다른 쪽 전선으로 전류를 변경시키는 전동기의 부분은 정류자라고 부른다.

그림 6.17 (a)와 같이 코일이 배치되었을 때, 전류는 배터리의 (+)단자에서 (+)브러시로, 정류자의 부분 A, 정류자의 부분 B에 고리를 거쳐, (−)브러시로, 그다음 배터리의 음극단자로 되돌아온다. 왼손전동기 법칙을 적용함으로써 그것은 코일이 시계방향으로 회전할 것이라는 것을 알 수 있다. 코일의 이런 위치에서 회전력은 가장 많은 수의 자력선이 코일에 의해 절단되고 있기 때문에 최대의 것이다.

그림 6.17 (b)에서 보여준 위치로 코일이 90도 회전하였을 때, 정류자의 부분 A와 B는 더 이상 배터리 회로와 접촉하지 않고 전류는 코일을 통해 흐를 수 없다. 이런 위치에서, 최소수의 자력선이 절단되고 있기 때문에, 회전력은 최솟값에 도달했다. 그러나 코일의 운동량은 편이 다시 브러시와 접촉할 때까지 이곳 위치를 지나서 그것을 이동시키고, 그리고 전류는 다시 코일에 들어가는데, 이때 그것은 부분 B를 통해 들어가고 부분 A를 통해 빠져 나간다. 그러나 부분 A와 부분 B의 위치는 또한 반대로 되었기 때문에, 전류의 결과는 이전처럼 반대로 되고, 회전력은 같은 방향으로 작용하고, 그리고 코일은 그것의 시계방향 회전을 계속한다.

그림 6.17 (c)에서 보여준 위치를 거쳐 지나가면, 회전력은 다시 최대에 도달한다. 그림 6.17 (d)와 같이, 연속된 회전은 최소 회전력의 위치로 코일을 다시 이동시킨다. 이 위치에서, 브러시는 전류를 더 이상 나르지 않지만, 다시 한번 운동량은 전류가 부분 A를 통해 들어오고 부분 B를 통해 떠나는 지점에서 코일을 회전시킨다. 더군다나 회전은 출발점으로 코일을 가져오고, 그러므로 한 번의 회전운동이 완성된다. (+)브러시에서 (−)브러시로 코일 단자의 전환은 코일의 1회전당 2번 일어난다. 오직 단일코일을 갖고 있는 전동기에서의 회전력은 실제로 회전력이 전혀 없는 두 곳의 위치에 대하여, 연속적이지도 못하고 매우 효율적이지 못하다. 이것을 극복하기 위해, 실용적인 직류전동기는 전기자에 감겨진 다수의 코일을 담고 있다. 이들 코일은 전기자의 어떤 위치에 대해서도, 일정한 간격을 두고 있으며, 자석의 극 가까이에 코일이 있게 될 것이다. 이것은 연속적인 그리고 강한 회전력을 만든다. 마찬가지로, 정류자는 오직 2개만 있는 것이 아니라 다수의 편을 담고 있다. 실용적인 전동기에 있는 전기자는 아주 강한 자기장을 갖출 수 있기 때문에, 영구자석의 극 사이에 놓이는 것이 아니라 전자석의 극 사이에 놓인다. 철심은 보통 유도에 의해 강하게 자력을 띨 수 있는 연강(mild steel) 또는 담금질된 강제로 만든다. 전자석을 자력을 띠게 하는 전류는 전기자에 전류를 공급하는 동일한 전원으로부터 있다.

02 직류전동기의 구조

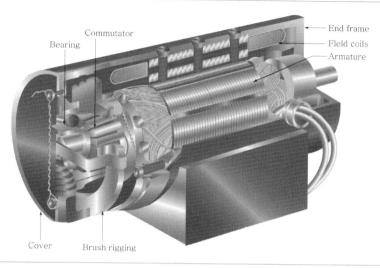

그림 6.18 직류전동기의 구조

 전동기에서 주된 부분은 전기자(armature), 계자(excited magnetic field), 정류자 (commutator), 브러시(brush)이다.

 전기자는 전기자 코어에 전기자 권선이 있는 구조로 끝부분에는 브러시와 전기적으로 연결하기 위한 정류자가 있다. 전기자 코어는 규소강을 성층하여 만든 성층철심을 사용한다. 전동기의 효율을 낮추는 요소 중 가장 큰 것이 철에 의해 발생하는 철손이고, 철손은 히스테리시스 손실과 와전류 손실로 구분된다. 히스테리시스 손실을 줄이기 위해 자성이 좋은 철에 규소를 섞은 규소강을 사용하고, 와전류 손실을 줄이기 위해 얇은 강판을 층층이 쌓은 성층 철심을 사용한다. 전기자권선은 권선을 보호하기 위해 섬유지(fish paper, 화학처리한 절연용의 두꺼운 종이)로 쌓여 있는 절연된 가늘고 긴 홈 안에 들어간 절연된 구리선이다. 쐐기 또는 강철 띠는 전기자가 고속으로 회전하고 있을 때, 가늘고 긴 홈에서 밖으로 날아가는 것을 방지하기 위해 그곳에서 권선을 잡아준다. 정류자는 서로 그리고 운모의 조각에 의해 전기자 축으로부터 절연된 다수의 동편(copper segment)으로 이루어져 있다. 절연된 쐐기링(wedge ring)은 그곳에서 편을 잡아준다.

 계자는 계자 프레임, 자극편, 그리고 계자 코일로 이루어져 있다. 계자 프레임은 전동기 케이스의 내벽을 따라 위치를 정하고, 계자 코일이 감겨진 성층 연강자극편을 담고 있다. 절연선의 몇 번의 감김으로 이루어진 코일은 극과 함께 각각의 자극편 위에 계자극과 함께 조립된다.

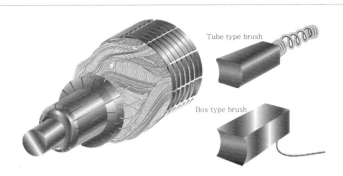

그림 6.19 정류자와 브러시

브러시는 브러시와 브러시 홀더(brush holder)로 이루어져 있다. 브러시는 보통 이 재료가 긴 사용기간을 갖고 있고 또한 정류자에 최소한의 마모를 일으키기 때문에, 흑연탄소의 작은 블록이다. 브러시 홀더는 그들이 정류자의 표면에서 어떤 요철을 따라가도록 그리고 양호한 접촉을 만들도록 브러시에서 약간의 움직임을 허용한다. 스프링은 정류자에 대하여 견고하게 브러시를 잡아준다. 그림 6.19에서는 정류자와 두 가지 유형의 브러시를 보여준다.

End frame은 정류자를 마주보고 있는 전동기의 부품이다. 보통 끝단 틀은 구동시키고자 하는 장치에 연결될 수 있도록 설계된다. 구동장치 끝단을 위한 베어링(bearing)은 또한 끝단 틀 안에 위치된다. 때때로 끝단 틀은 전동기에 의해 구동되는 장치의 일부분으로 제작된다. 이것이 되었을 때, 구동장치 끝단에 있는 베어링은 여러 곳 중 어느 한 곳에 위치하게 된다.

03 직류전동기의 유형

(1) 직권전동기(Series motor)

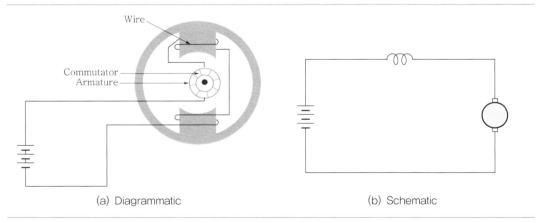

(a) Diagrammatic   (b) Schematic

그림 6.20 직권전동기의 구조

그림 6.20에서 보듯이 직권전동기는 계자 권선과 전기자 권선과 직렬로 연결된다. 직렬로 연결되어 있으므로 계자 권선과 전기자 권선의 전류는 동일하고, 전류 증가는 계자와 전기자 모두의 자기력을 강하게 한다. 같은 전압이라도 권선의 저항이 낮으므로, 큰 전류가 흐를 수 있고, 그 만큼 자기력이 강해지므로 회전력은 강해진다. 이런 강한 토크로 인하여 직권전동기는 자동차나 항공기의 시동용으로 많이 사용되고 있다. 직권전동기의 속도는 부하에 종속관계이다. 경부하(light load)를 갖고 있을 때 고속으로서 그리고 중부하(heavy load)로 저속에서 돌아갈 것이다. 만약 부하가 완전히 제거된다면, 전동기는 전기자가 산산조각으로 흩어질 고속으로서 작동하게 된다. 만약 고기동회전력이 중부하 조건하에서 필요로 했다면, 직권전동기는 수많은 실용성을 갖는다. 직권전동기는 가끔 엔진 시동기로 그리고 착륙장치, 카울 플랩(cowl flap), 그리고 날개 플랩(wing flap)을 올리고 내리기 위해 항공기에서 사용된다.

(2) 분권전동기(Shunt motor)

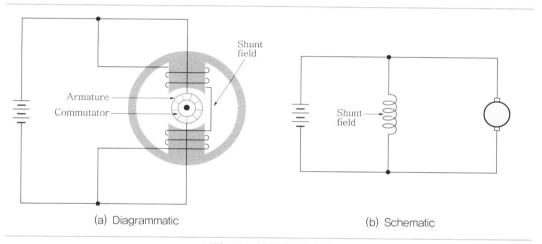

(a) Diagrammatic   (b) Schematic

그림 6.21 분권전동기 구조

분권전동기는 그림 6.21에서처럼 계자권선과 전기자권선과 병렬로 연결되어 있다. 계자권선의 저항은 매우 크다. 계자권선은 직접 전원장치와 교차하여 연결되기 때문에, 계자를 통과한 전류는 일정한 것이다. 계자전류는 직권전동기에서처럼, 전동기속도에 따라 변화하지 않으며, 그런 까닭에, 분권전동기의 회전력은 오직 전기자를 통과한 전류에 따라 바뀔 것이다. 시동에서 조성된 회전력은 동일한 크기의 직권전동기에 의해 조성된 것보다 적다. 분권전동기의 속도는 부하에 따른 변화로서 매우 적게 변화한다. 모든 부하가 제거되었을 때, 그것은 부하가 걸린 속도보다 약간 더 높은 속도를 취한다. 이 전동기는 정속이 요구될 때 그리고 고기동 회전력이 필요로 하지 않을 때 특히 사용에 적당한 것이다.

(3) 복권전동기(Compound motor)

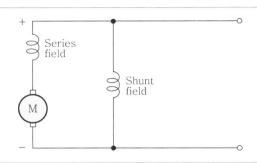

그림 6.22 복권전동기 구조

복권전동기는 직권전동기의 장점인 좋은 회전력과 분권전동기의 장점인 일정한 회전 속도를 얻기 위해 전기자 권선 하나에 계자권선을 하나는 직렬, 하나는 병렬로 연결한 구조이다. 그림 6.22에서는 복권전동기의 개략도를 보여준다. 직권계자 때문에, 가동복권전동기는 분권전동기 보다 고기동 회전력을 갖는다. 가동복권전동기는 부하에 급작스러운 변화를 필요로 하는 구동기 계장치에서 사용된다. 그들은 또한 고기동 회전력이 요구되지만 직권전동기가 쉽게 사용될 수 없는 곳에 사용된다. 차동복권전동기에서, 부하에 증가는 전류에 증가를 일으키고 이 유형의 전동기에서 총 선속에서 감소를 일으킨다. 이들 2개는 서로 대조하려는 경향이 있고 결과는 실제적으로 정속이지만 부하에서 증가는 전계강도를 감소시키려는 경향이 있기 때문에 속도특 성은 불안정하게 된다. 이 전동기는 항공기 계통에서 거의 사용하지 않는다.

그림 6.23에서는 여러 가지의 유형의 직류전동기의 부하의 변화에 따른 속도에 변이의 그래 프를 보여준다.

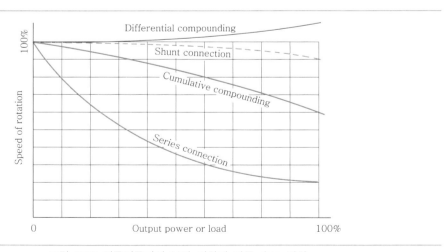

그림 6.23 직류전동기의 부하 변화에 따른 속도 변화

04 전동기 속도 제어

전동기에 있는 전기자가 자기장 내에서 회전할 때, 전압은 전기자권선에서 유도된다. 이 전압은 역기전력(back electromotive force)이라고 부르고 외부전원으로부터 전동기에 적용된 전압의 방향에 정반대의 것이다. 전동기 속도는 계자권선의 전류로 제어될 수 있다. 계자권선을 통해 흐르는 전류의 양이 증가될 때, 전계강도는 증가하지만, 전동기는 역기전력의 더 많은 양이 전기자권선에서 발전되기 때문에 속력을 늦춘다. 계자전류가 감소될 때, 전계강도는 감소하고, 그리고 전동기는 역기전력이 감소되기 때문에 속도를 빠르게 한다. 속도가 제어될 수 있는 곳에 전동기는 가변전동기라고 부른다.

그림 6.24는 분권 가변전동기의 구조를 나타낸다. 전동기의 속도는 계자권선에 직렬로 연결된 가감저항기에 의해 제어된 전류의 양에 따른다. 전동기 속도를 증가시키려면, 계자전류를 감소시키기 위해 가감저항기에서 저항을 증가시킨다. 그 결과로 자기장의 강도와 역기전력이 감소된다. 이것은 순간적으로 전기자 전류와 회전력을 증가시킨다. 그때 전동기는 역기전력이 증가할 때까지 자동적으로 속도를 빠르게 할 것이고 전기자 전류로 하여금 그것의 이전의 값으로 감소되게 한다. 이것이 발생할 때, 전동기는 이전보다 빠른 고정속도에서 작동할 것이다. 전동기 속도를 감소시키려면, 가감저항기의 저항은 감소된다. 더 많은 전류는 계자권선을 통해 흐르고 자기장의 강도를 증가시키는데, 그때 역기전력은 순간적으로 증가하고 전기자 전류는 감소한다. 결과적으로, 회전력은 감소하고 전동기는 역기전력이 그것의 이전의 값으로 감소할 때까지 속력을 늦추는데, 그때 전동기는 이전보다 더 낮은 고정속도로 작동한다.

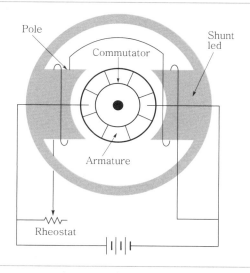

그림 6.24 분권 가변전동기 구조

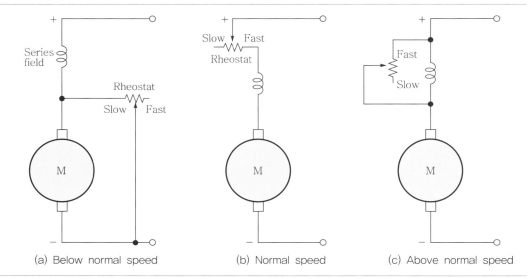

(a) Below normal speed   (b) Normal speed   (c) Above normal speed

그림 6.25 직권 가변전동기 구조

직권전동기에서 가감저항기 속도제어는 전동기 계자에 직렬로 또는 병렬로 연결되거나, 또는 전기자와 병렬로 연결된다. 그림 6.25 (a)와 같이 가감저항기가 최대저항으로 설정될 때, 전동기 속도는 전류가 감소하므로 병렬 전기자 결선에서 증가된다. 그림 6.25 (b)와 같이 가감저항기 저항이 직렬연결에서 최대의 것일 때, 전동기속도는 전동기의 전역에서 전압에 감소로서 줄어든다. 그림 6.25 (c)와 같이 정상속도운전 이상에서, 가감저항기는 직권계자와 병렬로 있다. 직권계자전류의 일부분은 우회되고 전동기는 속도를 빠르게 한다.

05 전기자 반작용(armature reaction)

전기자를 통해 흐르는 전류는 권선에 전자기장을 새로이 만든다. 이들 새로운 자기장은 직선 경로에서 전동기의 극 사이에 자속을 휘게 하는 경향이 있다(그림 6.26). 전기자 전류는 부하에 따라 증가하기 때문에, 왜곡은 부하에 증가에 따라 더 크게 된다. 이렇게 전기자가 기울어지는 현상을 전기자 반작용이라 한다. 전기자 반작용의 대책으로는 3가지가 사용된다. 전기자가 기울어진 만큼 브러시를 이동하던가 보상권선(compensating windings)을 설치하거나 보극 (inter-pole)을 설치한다. 보상권선은 전기자에 직렬로 연결되어 전기자 전류에 의해 생성되는 자기장을 상쇄하는 방향으로 자기장을 만들어낸다. 그림 6.27 (a)에서는 보상권선을, (b)에서는 보극의 배치 방법을 보여준다.

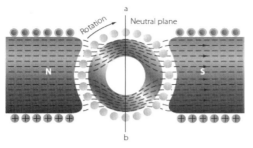

(a) Field excited, armature unexcited

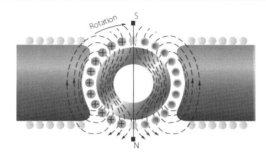

(b) Armature excited, field unexcited

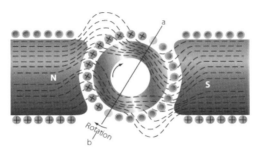

(c) Both field and armature excited

그림 6.26 전기자 반작용 생성 원리

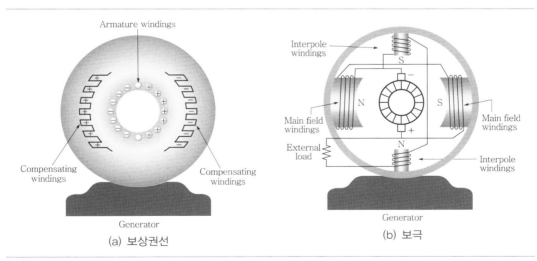

(a) 보상권선

(b) 보극

그림 6.27 보상권선과 보극 설치방법

보극은 전동기의 주 극 사이에 놓은 극이다. 보극은 회전의 방향에서 그 다음의 주 극과 같은 극성을 갖는다. 보극에 의해서 만들어진 자속은 전기자 권선이 자속 속으로 지나갈 때 전기자에 전류로 하여금 방향을 바꾸게 한다. 이것은 전기자 권선의 주위에 전자기장을 상쇄시킨다. 보극의 자기의 강도는 발전기에서 부하에 따라서 바뀌고, 그리고 계자 왜곡은 부하에 따라 바뀌기 때문에, 보극의 자기장은 전기자 권선 주위에 새로이 만들어지는 자기장의 효과에 반작용하고 계자 왜곡을 최소로 한다. 그러므로 보극은 발전기에 모든 부하에 대해서 동일 위치에 중립면을 유지하려는 경향이 있고, 계자 왜곡은 보극에 의해서 줄어들고, 그리고 브러시의 효율, 출력, 그리고 사용기간은 향상된다.

06 교류전동기

항공기에 주로 사용되는 교류전동기는 유도전동기와 동기전동기이다. 각각의 유형은 전원의 종류에 따라 단상과 3상으로 구분한다. 3상 유도전동기는 상이 3개인 만큼 전력소모가 많은 시동기, 플랩, 착륙장치, 그리고 유압 펌프와 같은 장치를 작동시킨다. 단상유도전동기는 소요 동력이 적은 조종익면 장금장치(surface lock), 중간냉각기 개폐기(intercooler shutter), 오일 차단 밸브 같은 곳에 사용된다. 3상 동기전동기는 정속으로 작동하므로, 플럭스 게이트 나침의(flux gate compass)와 프로펠러 동조기 시스템 등에 사용되고, 단상동기전동기는 전기시계와 같은 소형 정밀장비를 작동시키기 사용된다.

(1) 3상 유도전동기(three-phase induction motor)

3상 교류 유도전동기는 농형전동기(squirrel cage motor)라고도 부른다. 단상전동기와 3상 전동기 모두는 회전자기장(rotating magnetic field)의 원리에서 작동한다. 그림 6.28 (a)에서 계자 구조는 권선이 3개의 교류전압, 즉 a, b, c에 의해 전압을 가한 극을 갖고 있다. 그림 6.28 (b)와 같이, 이들 전압은 동일한 크기를 갖지만, 위상에서 다른데, 0의 시점에서, 3개의 전압의 적용에 의해 생산된 합성자기장은 극 1에서 극 4까지 이어지는 방향으로 그것의 가장 강한 강도를 갖는다. 이 상황에서, 극 1은 N극 그리고 극 4를 S극이라고 간주될 수 있다. 1의 시점에서, 합성자기장은 극 2에서 극 5까지 이어지는 방향으로 그것의 가장 강한 강도를 갖게 될 것인데, 이 경우에서, 극 2는 N극 그리고 극 5는 S극이라고 간주될 수 있을 것이다. 그러므로 시점 0과 시점 1 사이에서, 자기장은 시계방향으로 회전되었다. 시점 2에서, 합성자기장은 극 3에서 극 6까지 방향에서 그것의 가장 강한 강도를 가지며, 그래서 합성자기장은 시계방향으로 회전하도록 지속되었다. 시점 3에서, 극 4는 N극 그리고 극 1은 S극이라고 따로따로 간주될 수 있고, 그리고 계자는 여전히 더욱 앞으로 회전하였다. 더 나중의 시점에서, 합성자기

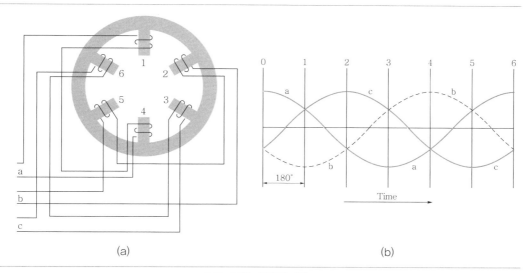

그림 6.28 회전자기장

장은 한 번의 순환에서 일어나는 시계방향으로, 계자의 1회전 운동을 이동하는 동안에 다른 위치로 회전한다. 만약 여자전압이 60Hz의 주파수를 갖는다면, 자기장은 초당 60회전 또는 3,600rpm을 만든다. 이 속도는 회전자계의 동기속도라고 한다.

유도전동기의 고정부분은 고정자(stator), 그리고 회전부분은 회전자(rotor)라고 부른다. 그림 6.29 (a)에서 보듯이 고정자에 있는 동출자극(salient pole) 대신에, 분포권선이 사용되는데, 이들 권선은 고정자의 외면 주위에 가늘고 긴 홈 안에 놓인다. 그러므로 육안검사로는 유도전동기에 있는 극의 수를 식별하는 것은 불가능하다. 정격속도 또는 비동기속도는 동기속도보다 약간 작다. 전동기에서 위상당 극의 수를 계산하기 위해서, 주파수를 120배 한 것을 정격속도로 나눈다.

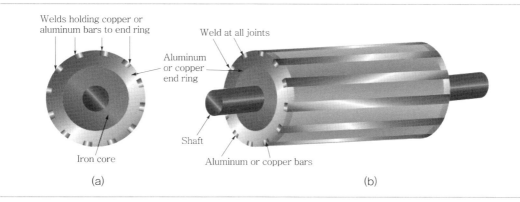

그림 6.29 유도전동기의 로터

$$f = \frac{PN}{120}$$

[단, f = 주파수, P = 계자극수, N = 정격속도(rpm)]

유도전동기의 회전자는 굵은 구리막대 또는 알루미늄 막대가 끼워 넣어진 그곳에서 그것의 원주 주위에 세로의 가늘고 긴 홈을 갖는 철심으로 이루어진다. 이들 막대는 양쪽 끝단에 고전도율의 굵은 링으로 용접된다.

유도전동기의 회전자가 고정자권선에 의해 생산된 순환자기장의 영향하에 두었을 때, 전압은 세로의 구리막대에 유도된다. 유도전압은 전류로 하여금 막대를 통해 흐르게 한다. 이 전류는 번갈아 회전자가 유도전압이 최소로 되는 그 점에서 위치를 취하도록 순환자기장과 조합되는 자체의 자기장을 생산한다. 결과적으로, 회전자는 회전자에서 기계손실과 전기손실을 극복하기 위해 회전자에 적절한 양의 전류를 유도시키기에 아주 충분한 것이 되는 속도에서 차이인, 고정자 계자의 동기속도와 거의 밀접하게 주기적으로 회전한다. 만약 회전자가 회전자기장과 같은 동일한 속도로 돌아가고 있다면, 회전자 도선은 어떤 자력선도 절단하지 않게 되고, 기전력은 그들에서 유도되지 않게 되고, 전류는 흐를 수 없고, 그리고 회전력이 발생하지 않게 된다. 그때 회전자는 속력을 늦춘다. 이런 이유로, 회전자와 회전자기장 사이에 속도에서 차이는 항상 있어야 한다. 이 속도에서 차이는 공전(slip)이라고 부르고 동기속도에 대한 백분율로 나타낸다. 예를 들어, 만약 회전자가 1,750rpm으로 돌아가고 동기속도가 1,800rpm이라면, 속도에서 차이는 50rpm이다. 그때 공전은 50/1,800 = 2.78%이다.

3상 유도전동기의 회전의 방향은 전원선 중 2개의 도선을 바꾸면 바뀔 수 있다. 단상 전동기에서 기동권선의 반대접속은 회전의 방향을 반대로 할 것이다. 대부분의 단상 유도전동기는 기동권선으로 즉시 반대접속을 위한 설비를 갖추고 있다. 만약 시동 후 3상 전동기에서 3개의 전원선 중 하나의 접속이 끊어진다면, 1/3 정격출력으로만 작동할 것이다.

(2) 동기전동기(synchronous motor)

유도전동기와 마찬가지로 동기전동기도 회전자기장을 이용한다. 그러나 유도전동기와 달리 전개된 회전력은 회전자에서 전류의 유도에 의존하지 않는다. 그림 6.30은 동기전동기의 작동원리에 대한 그림이다. 극 A와 극 B가 회전자기장을 만들어내기 위해 일부 기계적인 수단에 의해 시계방향으로 회전하고 있다고 가정하면, 그들은 연철 회전자에서 정반대의 극성의 극을 유도하고, 그리고 당기는 힘은 상응하는 N극과 S극 사이에 존재한다. 결과적으로 극 A와 극 B가 회전할 때, 회전자는 동일한 속도로서 느릿느릿 진행된다. 그러나 만약 부하가 회전자축에 가해진다면 회전자는 회전자기장의 것 뒤에 처져서 잠깐 떨어질 것이지만 그 이후에, 부하가 상수를 유지되는 동안 동일한 속도로서 자기장과 함께 회전하는 것을 지속할 것이다. 만약 부하가 너무 크다면, 회전자는 회전자기장에서 동기를 벗어나 끌어당길 것이고, 결국 더 이상 동일한 속도에서 계자와 함께 회전하지 않을 것이다. 그러므로 전동기는 과부하 걸렸다고 말한다.

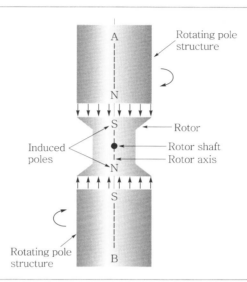

그림 6.30 동기전동기 동작 원리

07 회전과 주파수

(1) 전동기와 발전기의 회전원리

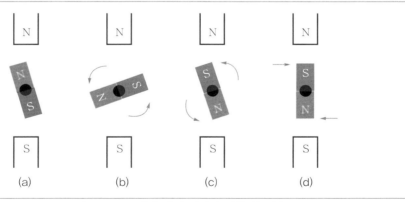

그림 6.31 두 개의 자석 사이에 작용하는 힘

① 그림 6.31 (a)와 같이 위와 아래에 영구자석을 고정시키고, 중간에 중심을 고정시킨 막대자석을 약간 비스듬하게 위치시키면 N극과 N극, S극과 S극은 같은 극이므로 그림

6.31 (b)에 표시된 검은 점선과 같이 미는 힘이 작용하여 그림 6.31 (b)와 같이 회전할 것이다. 여기서 도는 힘(관성력)에 의해 자석은 수평보다 조금 더 갈 것이다.

② 그림 6.31 (b)에서는 서로 다른 극이 가까우므로 S극과 N극, N극과 S극 사이에는 그림 6.31 (c)에 표시된 검은 점선과 같이 당기는 힘이 작용하여 그림 6.31 (c)와 같이 회전할 것이다. 여기서도 마찬가지로 도는 힘에 의해 자석은 수직상태에서 멈추지 않고 조금 더 움직일 것이다.

3) 그림 6.31 (d)에 표시된 검은 점선과 같이 다른 극이 당기는 힘에 의해 그림 6.31 (d)와 같이 세로로 정확하게 멈춰진 상태에서 끝나게 된다.

여기까지가 외부의 고정된 영구자석에 의해 내부의 회전가능한 영구자석이 반 바퀴 회전하는 현상을 나타낸 것이다. 그림 6.31 (a)의 내부 자석과 같이 약간 비스듬하게 놓지 않고, 그림 6.31 (d)와 같이 완전히 수직하게 놓았다면 처음부터 아무 일도 일어나지 않았을 것이다. 여기서 내부에서 회전하는 자석을 영구자석이 아니라 전자석으로 사용하고, 그 전자석에 흐르는 전류를 그림 6.32 (a)와 같이 그림 6.31 (c)의 상태에서 극성을 변경해 버렸다면 그림 6.31의 내부 회전자는 계속 회전하여 한 바퀴를 채울 것이고, 이렇게 전류의 방향을 주기적으로 변경해 주면 내부 전자석은 계속 회전하게 될 것이다. 자석은 거리가 가까우면 미는 힘이나 당기는 힘이 강해지고, 거리가 멀어지면 그 힘이 약해진다. 따라서 그림 6.31 (a)에서 N극과 N극이 서로 미는 힘은 처음에는 강하다가 그림 6.31 (b)와 같이 위치할 동안 서서히 약해질 것이다. 따라서 움직임의 속도는 감소한다. 전자석은 전류의 크기와 자기의 힘이 비례하므로 그림 6.32 (b)처럼 전류를 점점 증가시키면 일정한 속도로 회전할 수 있다. 이는 교류 전원을 인가하면 계속 회전할 수 있다는 의미이고, 교류의 크기나 내부 구성에 따라 회전력을 조절할 수 있다는 의미이다.

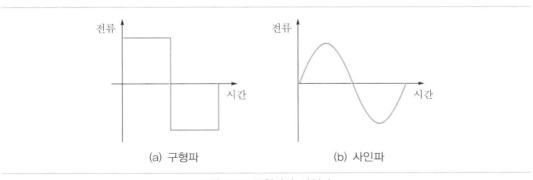

(a) 구형파   (b) 사인파

그림 6.32 구형파와 사인파

직류전동기는 직류의 전원을 브러시에 인가하여 연결된 정류자(commutator)를 통해 교류로 변경하여 회전자에 교류 전원을 인가하는 방식이고, 교류전동기는 교류의 전원을 바로 연결하여 사용하면 되므로 브러시와 정류자가 필요 없는 형태가 나올 수 있는 것이다. 교류발전기는 교류전동기에서 입력과 출력만 변경한 것이고, 여기에 교류를 직류로 변경해주는 정류기 (rectifier)만 추가하면 직류발전기가 되는 것이다. 이런 이유로 브러시의 개수는 고정자의 극당 하나가 필요한 것이다. 물론 실제로 전동기나 발전기를 구성하려면 효율적인 측면 때문에 앞 단원에서 설명한 내용보다 훨씬 더 복잡한 구조가 필요하다.

(2) 회전수와 주파수의 관계

주파수는 초당 반복되는 패턴의 수이고, 회전속도는 보통 분당 회전수(rpm)로 나타낸다. 분당과 초당은 60배의 차이가 있다. 그림 6.33에 나타난 전동기의 경우 한 바퀴를 회전하기 위해서는 그림 6.34와 같이 2개의 패턴이 필요하다. 그림 6.33 (a)와 같이 회전하려면 그림 6.34 (a)와 같은 패턴이, 그림 6.33 (b)와 같이 회전하려면 그림 6.34 (b)와 같은 패턴이, 그림 6.33 (c)와 같이 회전하려면 그림 6.34 (c)와 같은 패턴이, 그림 6.33 (d)와 같이 회전하려면 그림 6.34 (d)와 같은 패턴이 필요하다.

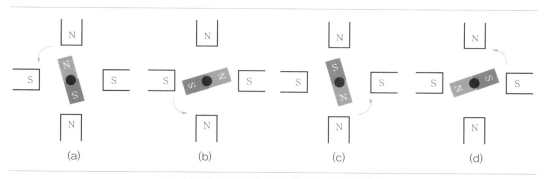

그림 6.33 고정자에 극이 4개인 경우의 회전

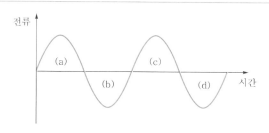

그림 6.34 고정자에 인가하는 전류 형태

그림 6.31와 그림 6.33, 그림 6.32 (b)와 그림 6.34을 비교해 보면 외부 고정자의 극 하나당 교류의 한 사이클의 반 크기의 전류 패턴이 필요하다는 것을 알 수 있다. 즉, 분당 회전수를 초당 회전수로 변경하기 위해서는 60으로 나눠줘야 하고, 주파수와 초당 회전수 사이에는 외부 고정자인 계자의 극수와 1/2배로 비례하는 관계가 있다. 이를 수식으로 정리하면 다음과 같다.

$$f = \frac{P}{2} \times \frac{N}{60} = \frac{PN}{120}$$

[단, f = 주파수, P = 계자극수, N = 정격속도(rpm)]

물론 실제 회전수는 앞 단원에서 설명한 슬립의 개념이 들어가야 한다.

08 직류전동기의 검사와 정비

① 제조사에서 제공한 사용설명서에 따라 전동기의 구성 부분의 작동을 점검한다.
② 배선, 접속, 터미널, 퓨즈, 그리고 스위치를 점검한다.
③ 전동기의 외관검사를 하고, 설치용 볼트의 조임 여부를 확인한다.
④ 브러시의 상태, 길이, 스프링 장력에 대해 점검한다. 브러시를 교체할 시기는 사용설명서에 명시된 최소 브러시 길이, 스프링 장력을 확인하여 결정한다. 교체 절차는 사용설명서를 따른다.
⑤ 정류자의 상태를 점검한다. 이물질의 부착 여부나 점식(pitting corrosion, 금속의 표면이 국부적으로 깊게 침식되어 작은 구멍을 만드는 부식형태), 새김눈(snick, 가로 또는 세로로 난 흠집), 하이 마이카(high mica, 정유자의 정류자편간의 절연물 마이카나이트가 동편보다 바깥쪽에 돌출되어 있는 상태로 불꽃 발생이 원인이 된다.) 등과 같은 외형 변형에 대해 점검한다. 이물질이 묻었을 경우에는 권장하는 세정용제에 적신 헝겊으로 정류자를 깨끗하게 한다. 표면 손상이 경미할 경우는 고운 사포 또는 유연성 연마석으로 표면을 연마하고 압축공기를 이용해서 발생한 가루를 제거해 준다. 발생한 금속가루는 단락의 원인이 될 수 있다. 만약 정류자가 손상이 심하면 전동기를 교체해야 한다.
⑥ 코일부분에 과열되어 녹은 부분이 없는지 검사한다. 만약 코일부분에 문제가 생기면 전동기를 교체한다.
⑦ 사용설명서에 윤활이 필요하다고 한다면 윤활유를 사용한다. 그러나 대부분 항공기에 사용되는 전동기는 오버홀(overhaul, 분해수리)까지는 윤활이 필요 없다.

09 직류전동기 고장 탐구

직류전동기가 작동하지 않거나 이상 작동하는 경우에는 전동기 자체의 문제인지 외부의 문제인지부터 파악해야 한다. 대부분의 경우 문제는 외부 전기 회로 결함이나 전동기에 의해 구동되는 기계 장치에서 발생한 기계적 결함 때문이다. 따라서 외부적인 부분의 고장 탐구를 먼저 한 다음에 전동기 자체 점검을 한다. 전기 회로 주요 결함 3가지는 단선, 단락, 낮은 전압이다. 예를 들어서 전동기에 전원을 공급하는 배터리의 전압이 낮은 경우 릴레이 스위치가 정상 동작하지 않을 수가 있다. 릴레이 스위치가 On 되었을 경우에는 전동기에서 전기를 빼가므로 배터리의 전압이 낮아져서 릴레이 스위치를 Off 시키고, 배터리는 전동기한테 전기를 안 빼앗기므로 전압이 높아져서 스위치를 다시 On 시킨다. 이는 흡사 오래 걸으면 힘들어서 더 이상 못 걷겠다가도 좀 쉬면 다시 힘이 나서 걸을 수 있는 것과 마찬가지의 원인이다. 릴레이 내부적으로 보면 코일의 전압이 높아지면 전류도 높아져 자기력이 강해져 내부 스위치를 잡아당기고, 코일의 전압이 낮아지면 전류도 낮아져 자기력이 약해져 내부 스위치의 연결이 끊어지게 된다. 이 시간 간격이 길지 않기 때문에 릴레이 내부 스위치는 On/Off를 반복하게 되고, 내부 봉이 단자와 연결되는 소리가 계속 나게 된다. 이는 흡사 진동이 오는 것과 비슷하다. 이 경우 전동기에 전압이 지속적으로 공급되지 못하므로 전동기는 정상 작동하지 않는다.

외부 전기장치와 기계장치에도 결함이 없다면, 정류자와 브러시를 분해하여 먼저 점검한다. 이왕 분해하였으므로 권장하는 세정용제를 헝겊에 적셔 정류자, 브러시, 브러시 홀더를 깨끗하게 한다. 각종 오염물은 단락이나 불꽃발생의 원인이 된다. 정류자는 이물질이나 외형변형을 육안으로 확인하고 문제점이 발생 시 점검에서 설명한 방법으로 수리해 준다. 브러시는 길이, 장력 등을 확인하고 사용설명서의 기준에 적합하지 않으면 교체해 준다. 다음은 전기자와 계자의 단선, 단락, 접지시험이다. 직류전동기의 접지 시험은 케이스와 접지가 연결되어 있는지 확인하는 시험이고, 교류전동기에서 접지 시험은 방금 말한 시험에 절연저항 확인까지 포함한다. 코일의 단락 시험은 멀티미터로도 가능은 하지만, 정확하지 않다. 정확한 위치를 파악하기 위해서는 자기장을 감지하는 그로울러 시험기(growler tester)를 사용해야 한다. 단락이 일어나면 전류의 흐름이 정상적이지 않게 되고 자기장도 변화한다. 이 자기장을 감지하는 장치가 그로울러이다.

10 교류전동기의 정비

교류전동기의 검사와 정비는 매우 간단하다. 밀폐된 베어링은 윤활이 필요 없다. 코일의 오염 상태를 확인한다. 오염되었을 경우 오염원을 제거해 준다. 교류전동기는 온도와 소리로 정상 작동 여부를 확인할 수 있다. 손이 뜨거울 정도가 되면 과열되었다는 의미이다. 정상상태에서 소리는 평탄하게 윙윙거려야 한다. 만약 과부하 상태면 전동기도 힘들어(grunt) 한다. 3상 전동기에서 전원선이 하나 빠지면 돌아가려 하지 않고 으르렁(growl) 할 것이다. 똑똑소리 (knocking sound)는 대개 풀린 전기자 코일, 정렬되어 있지 않은 축, 닳아진 베어링 때문에 발생한다. 모든 교류전동기의 검사와 정비는 제작사의 사용설명서에 따라 수행되어야 한다.

2.4 실습 유의사항

① 실습 시는 항상 실습장 안전수칙을 인지하여야 한다.
② 실습전후에는 정리정돈을 철저히 한다.
③ 측정기의 금속 부분에 피부가 접촉하는 일이 없도록 주의한다. 특히 절연저항계의 경우는 높은 전압이 기기에서 인가되므로 주의한다.
④ 전동기의 브러시 분해나 조립 시 브러시의 장력이 강하여 부상의 위험이 있으므로, 구조나 수공구의 사용법을 철저히 학습하고 연습하여 안전하게 진행한다.

2.5 실습순서

01 전동기 분해 조립

① 직류 직권전동기와 그에 맞는 수공구를 준비한다.
② 수공구를 이용해서 고정 볼트를 분리하고, 브러시 부분의 케이스를 탈착한다.
③ 브러시 홀더 채로 정류자에서 분리해 낸다. 계자와 계자 프레임도 브러시 홀더에 연결되었으므로 같이 빼내야 한다. 내부 전기자에서 브러시와 연결된 부분이 정류자이고, 정류자보다 바깥쪽에 있는 것이 베어링이다. 브러시가 정류자를 강한 힘으로 누르고 있으므로 작업자는 손가락 등이 끼지 않도록 주의하여야 한다.
④ 그림 6.37처럼 전기자를 기어박스에서 빼낸다.
⑤ 헝겊을 이용해서 전기자 및 계자, 브러시, 홀더의 이물질을 제거하고, 앞서 설명한 점검 방법에서와 같이 브러시의 상태를 확인한다.
⑥ 전기자를 기어박스에 연결한다.
⑦ 계자 프레임을 전기자 외곽에 넣고, 브러시를 정류자에 연결한다. 브러시는 최소 2개 이상이므로 여러 방향에서 힘을 주어 조립해야 한다. 이때는 더욱더 손가락 등이 끼지 않도록 주의하여야 한다. 큰 부상의 위험이 있다.
⑧ 케이스를 조립하고 고정용 볼트를 조여 고정한다.

그림 6.35 직류 직권전동기(좌 : 항공기용, 우 : 자동차용)

그림 6.36 직권전동기 분해 모습

그림 6.37 직권전동기에서 전기자를 기어박스에서 빼낸 모습

02 전동기 코일저항 측정

① 직류 직권전동기, 교류 유도전동기, 멀티미터, 절연저항계를 준비한다.

② 멀티미터를 이용하여 직류 직권전동기의 전원 인가 부분 사이의 저항을 측정한다. 직권 전동기는 직류전원을 사용하므로 접지가 공통이어서 외부에서 특정한 저항은 크게 나온다. 케이스가 분리된 상태라면 정확한 코일의 저항을 측정할 수 있는데, 그 방법은 전기자 편 부분을 180도의 차이를 두고 그 사이의 저항을 측정하면 된다.

③ 멀티미터의 저항 측정 모드를 이용해서 교류 유도전동기의 코일저항을 측정한다. 직류 전동기와 같이 코일에 전원이 인가되므로 전원선 사이의 저항이 코일저항이다. 예를 들어서 그림 6.38의 유도전동기라면 전원선은 사진에서 보듯이 빨강선, 검정선, 흰색선이 된다. 따라서 이들 사이의 저항값이 코일저항이 된다.

④ ②와 ③에서 측정한 직류전동기의 코일저항과 교류전동기의 코일저항을 비교한다.

그림 6.38 교류 유도전동기

03 전동기 절연저항 측정

① 직류 직권전동기, 교류 유도전동기, 절연저항계를 준비한다.

② 직권전동기의 절연저항을 측정한다. 케이스에 절연저항계의 접지(earth, ground)단자를 연결하고, (+)전압이 인가되는 부분에 절연저항계의 라인(line) 단자를 연결하여 측정한다. 자세한 사용법은 2.5.2를 참조한다.

③ 교류전동기의 절연저항을 측정한다. ②와 마찬가지로 케이스와 전원 인가되는 부분 사이의 저항을 절연저항계로 측정한다.

④ 그림 6.39는 다다전기제작소의 DA-1010S란 아날로그 타입의 절연저항계이다. 사용법은 다음과 같다. 빨간 측정선을 Line, 검정 측정선을 Earth에 연결하고, 회전 선택 스위치를 돌려 MΩ에 놓는다. 측정할 부위에 측정선의 단자를 연결하고 Power On/Off 스위치를 누르면 측정된다. 지시 바늘이 움직임을 멈추면 지시하는 값을 읽는다. 회전 선택 스위치 중 가장 위는 ACV(power off)이므로 측정하지 않을 때나 교류전압을 측정할 때 사용한다. 세 번째 모드인 MΩ(power lock)은 절연저항 계에서 전압을 계속 주고 있는 상태이다. 두 번째의 MΩ은 Power On/Off를 눌러야 지만 전압이 인가되는 모드이다. 마지막은 Batt Check는 배터리의 잔량을 측정하는 모드이고, 이 모드에 놓았을 때 지시 바늘이 Batt Good에 있어야지 배터리의 잔량이 정상이다.

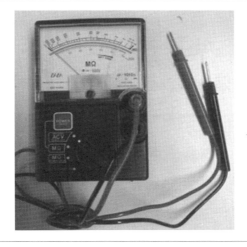

그림 6.39 아날로그 절연저항계

2.6 평가 항목

순번	평가 항목	상	중	하	비고
1	직권전동기 분해 조립				
2	직류전동기의 코일저항과 절연저항 측정				
3	교류전동기의 코일저항과 절연저항 측정				
4	작업 후 정리정돈				

03 / 도선 작업

3.1 실습목표

전선과 전선을 연결하는 스플라이스 작업, 전선을 선 이외의 장치에 연결하는 터미널 작업을 통해 항공기에서 도선의 연결, 정비 및 고장 수리를 할 수 있다.

3.2 실습재료

구분	종류	수량
와이어 스트리퍼		조별 1개
클램핑 툴		조별 1개
힛건		조별 1개
니퍼		조별 1개
전선		조별 2m
스플라이스		조별 3개
터미널		조별 2개

3.3 사전지식

항공기는 기압과 온도의 변화도 많고 진동도 심하기 때문에 전선에 좋지 않은 환경이다. 따라서 정상적으로 동작시키기 위해서는 매년 마손, 절연 불량, 부식, 말단의 상태에 대해 전선을 검사를 해야 한다. 전원, 배전 장비, 전자기 차폐를 위한 접지 접속을 할 때에는 전기 결합저항이 접속의 헐거워짐 또는 부식으로 인해 크게 증가하지 않았는지 확인하기 위해 특별한 주의를 기울여야 한다.

01 배선도

매뉴얼에는 전기적인 문제 해결을 위해 전기 배선도가 포함되어 있다. 배선도에는 기준에 따라서 구성도(block diagram, 그림 6.40), 그림도해(pictorial diagram, 그림 6.41), 계통도 (schematic diagram 그림 6.41)로 구분된다.

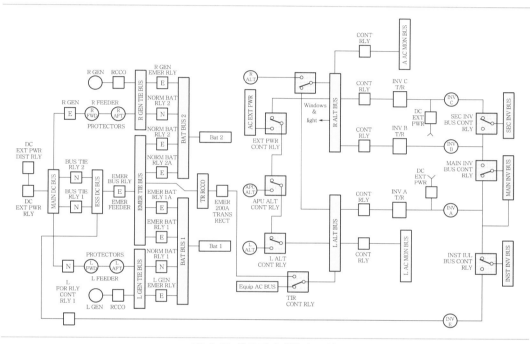

그림 6.40 항공전기계통의 구성도

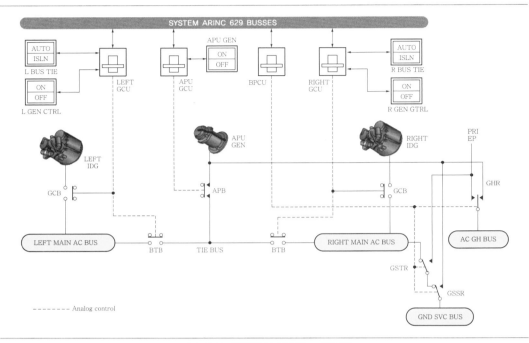

그림 6.41 항공전기계통의 그림도해

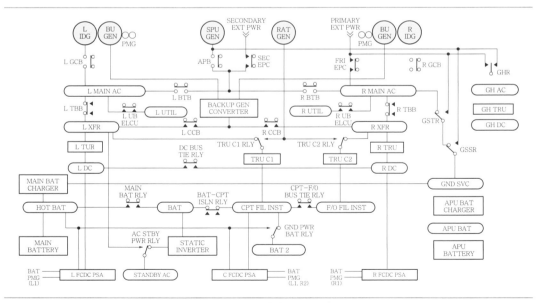

그림 6.42 항공전기계통의 계통도

구성도는 교체할 수 있는 블록 단위로 구성되어 있기 때문에 복잡한 전기시스템과 전자시스템의 문제 해결에 보조 자료로 사용된다. 그림도해는 부품의 그림을 기준으로 작성되어 정비사가 시각적으로 시스템의 작동을 볼 수 있도록 도움을 준다. 계통도는 작동 원리를 설명하기 위해 사용되며, 서로 관계되는 부품의 위치를 나타내어 전기적인 문제 해결에 있어서 가장 유용하게 활용된다.

02 배선

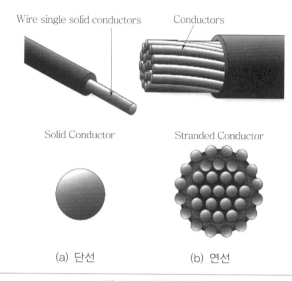

그림 6.43 단선과 연선

(1) 도선의 규격 및 조건

항공기의 성능도 자동차의 성능과 마찬가지로 기계적인 특성보다는 전기적인 성능에 좌우되고, 이를 유지하기 위해서는 전기계통 케이블을 설치, 검사, 관리하는 것이 중요하다. 전선은 그림 6.43에서 보듯이 크게 단선(single conductor)과 연선(stranded conductor)으로 구분된다. 단선은 도선 내부의 선이 하나이고, 연선은 도선 내부의 여러 가닥으로 되어 있어 휠 수 있는 장점이 있다. 구성적으로 보면 도선 내부에 전기적으로 분리된(여러 개의 내부 피복과 하나의 외부 피복으로 구분된) 여러 도선이 있는 것을 다심 케이블(multi-conductor cable), 외부 피복과 내부 피복 사이에 금속 그물망으로 되어 있어 외부의 전자기파로부터 보호되는(혹은 내부의 전자기파가 외부로 나가지 못하게 막아주는) 도선을 쉴드 케이블(shielded cable), 자기장의 상쇄를 위해 꼬여진 케이블을 트위스트 페어 케이블(twisted pair cable)이라고 한다. 그리고 그림 6.44와 같이 배선 다발을 하네스(harness)라고 한다.

그림 6.44 와이어 하네스

경량항공기에 표준전선은 600V와 105℃까지 사용 가능한 주석 도금 구리 도체인 MIL-W-5086A이었다. 상업용 항공기와 군용기는 MIL-W-22759규격에 따라 제작된 전선을 사용한다. 항공기 전선은 가장 가혹한 환경조건에도 사용 가능하여야 한다. 가장 많이 사용하는 도선의 재질은 구리와 알루미늄이다. 구리는 도전율(high conductivity)이 높고 연성이며 인장강도가 높고 납땜이 쉽지만, 알루미늄보다 비싸고 무겁다. 알루미늄의 도전율은 구리의 약 60%이지만, 가벼워서 구리에 비해 상대적으로 큰 직경을 가질 수 있어 코로나 방전(corona discharge)을 줄일 수 있다. 동일한 무게에서 면적이 크다는 것은 그만큼 열의 배출이 원활하다는 의미이다. 표 6.1에서는 구리와 알루미늄의 특성이 비교되었다.

표 6.1 구리와 알루미늄의 특성비교

특성	구리	알루미늄
Tensile strength (lb-in)	55000	25000
Tensile strength for same conductivity (lb)	55000	40000
Weight for same conductivity (lb)	100	48
Cross section for same conductivity (CM)	100	160
Specific resistance (ohm/mil ft)	10.6	17

도선은 산화되면 전기적인 특성이 완전히 변하므로, 산소와 직접 만나지 않기 위해 매우 느린 산화율(oxidation rate)을 갖는 주석, 은, 니켈로 도금(plating)을 한 후 피복을 씌워 만든다. 주석 도금 시 150℃, 은 도금 시 200℃까지 사용 가능하다. 니켈 도금 전선(nickel-coated wire)은 260℃ 이상에서도 해당 속성을 유지하지만, 260℃를 초과하지 않게 하는 절연시스템을 갖는다. 니켈 도금 전선의 납땜된 말단은 다른 솔더 슬리브(solder sleeve) 또는 용제의 사용을 필요로 한다.

단락을 방지하기 위한 절연(insulation)은 절연저항(insulation resistance)과 절연내력 (dielectric strength)을 확인해야 한다. 절연저항은 양단에 전류가 얼마나 안 통하는지를 저항으로 표현한 것이고, 절연내력은 전위차를 잘 견디기 위한 절연체의 능력으로 보통 절연체가 정전응력(electrostatic stress)으로 인해 약해지는 때를 전압으로 표현한다. 도선 절연 재료는 설치 유형에 따라 달라지고, 마모성(abrasion resistance), 방전저항(arc resistance), 내식성 (corrosion resistance), 관통강도(cut-through strength), 절연내력(dielectric strength), 내화(flame resistant), 기계적 강도(mechanical strength), 연기방출(smoke emission), 유체저항(fluid resistance), 열변형(heat distortion)과 같은 환경에 따라 선정해야 한다. 항공기 설계를 위한 절연재료는 Tefzel®, Teflon®/Kapton®/Teflon®, PTFE/Polyimide/ PTFE 등이 사용된다.

항공기에 사용되는 장비는 민감하기 때문에 전자기로부터 보호되어야 한다. 이를 위해 배선과 장비에 금속성 피복(metallic covering)을 씌워야 한다. 권장하는 차폐 정도는 85% 수준이다. 그림 6.45는 항공기에 사용된 전선 차폐를 보여준다.

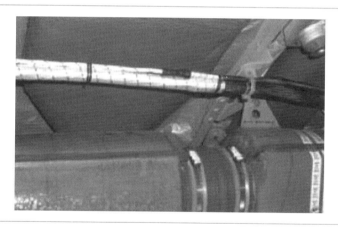

그림 6.45 전선 차폐

전기적인 차폐 이외에도 그림 6.46처럼 열풍과 습기에 대한 보호도 필요하다. Wheel well, Wing flap 근처, Wing fold, Pylon 등이 보호가 필요한 구역이다.

그림 6.46 외부환경에 대한 보호

항공기에 사용되는 전선은 미국 전선 규격(AWG, american wire gauge)인 BS(brown & sharpe) 규격을 따르고, 표 6.2와 같이 00번부터 20번까지의 전선 중 짝수 번만 사용한다. 번호가 클수록 전선의 직경은 작아진다. 전력을 송전하고 배전하는 전선의 크기를 선정할 때는 전류에 의한 줄열, 전압강하, 전선의 기계적 강도 등이 고려되어야 한다.

표 6.2 BS도선 규격 중 항공기 도선의 규격

Cross Section			Ohms per 1,000ft		
Gauge Number	Diameter (mil)	Area (Cmil)	Square inches	at 25℃	at 65℃
00	365	133,000	0.105	0.0795	0.0917
0	325	106,000	0.0829	0.100	0.166
2	258	66,400	0.0521	0.159	0.184
4	204	41,700	0.0328	0.253	0.292
6	162	26,300	0.0206	0.403	0.465
8	128	16,500	0.0130	0.641	0.739
10	102	10,400	0.00815	1.02	1.18
12	81	6,530	0.00513	1.62	1.87
14	64	4,110	0.00323	2.58	2.97
16	51	2,580	0.00203	4.09	4.73
18	40	1,620	0.00128	6.51	7.51
20	32	1,020	0.000802	10.40	11.90

(2) 전선 식별(wire identification)

전선의 식별은 작동의 안전, 정비사의 안전, 정비의 편리를 위해 필요하다. 전선에는 5자리의 숫자와 문자로 조합된 제작사 등록 번호 부호(CAGE, commercial and goverment entry code)가 표시된 것이 일반적이다. 그림 6.47과 같이 전선에는 직접 표시할 수도 있고, 그림 6.48과 같이 수축튜브에 인쇄하여 표시하는 간접표시 방법도 있고, 그림 6.49처럼 아예 외부에 표시하는 방법도 있다.

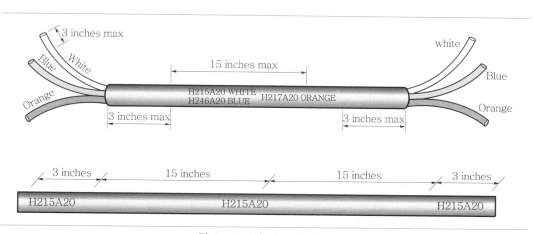

그림 6.47 도선 정보 직접 표시

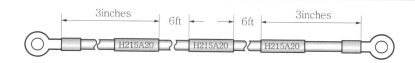

그림 6.48 도선 정보 간접 표시

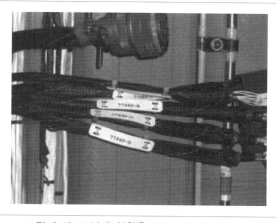

그림 6.49 도선에 영향을 주지 않는 표시 방법

03 본딩과 접지

항공기 장비의 케이스를 전기적으로 연결(bonding)하거나 장비의 케이스와 항공기 기체를 전기적으로 연결한 것을 본딩(bonding)이라고 한다. 장비의 케이스와 기체를 연결한 이유는 최종적으로 정전기 방전장치(static discharger)를 통해 필요 없는 정전기를 항공기 밖으로 빼내기 위해서이다. 지상에서는 접지(ground, earth)를 통해 필요 없는 전기를 해소할 수 있다. 지구(earth)에서 제일 큰 것은 지구이므로 땅(ground)에 전기적으로 연결을 해 놓으면 정전기를 없애거나 기준을 잡을 수 있다. 항공기는 공중에 떠 있으므로 땅에 연결할 수 없다. 따라서 정전기 방전장치를 사용한다. 정전기 방전장치는 날개 끝이나 꼬리 날개 끝에 위치한 원뿔형의 모서리로 전자가 뾰족한 부분에 모이는 성질을 이용한 것이다. 전자가 충분히 모이면 공기 중으로 방전되어 정전기를 해소한다. 본딩 와이어는 0.003Ω을 초과하지 않는 것이 좋다. 그림 6.50은 본딩선을, 그림 6.51은 접지선을 각각 보여준다. 그림 6.52는 이때 사용되는 볼트와 너트 재질 규격을 보여준다.

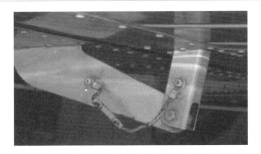

그림 6.50 본딩 선

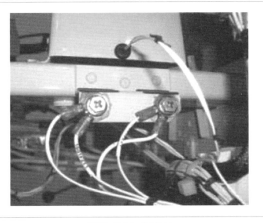

그림 6.51 접지선

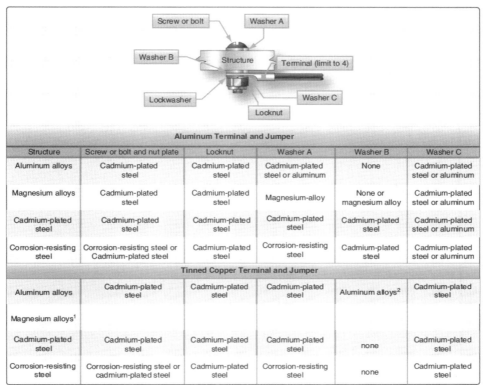

Aluminum Terminal and Jumper					
Structure	Screw or bolt and nut plate	Locknut	Washer A	Washer B	Washer C
Aluminum alloys	Cadmium-plated steel	Cadmium-plated steel	Cadmium-plated steel or aluminum	None	Cadmium-plated steel or aluminum
Magnesium alloys	Cadmium-plated steel	Cadmium-plated steel	Magnesium-alloy	None or magnesium alloy	Cadmium-plated steel or aluminum
Cadmium-plated steel	Cadmium-plated steel	Cadmium-plated steel	Cadmium-plated steel	Cadmium-plated steel	Cadmium-plated steel or aluminum
Corrosion-resisting steel	Corrosion-resisting steel or Cadmium-plated steel	Cadmium-plated steel	Corrosion-resisting steel	Cadmium-plated steel	Cadmium-plated steel or aluminum
Tinned Copper Terminal and Jumper					
Aluminum alloys	Cadmium-plated steel	Cadmium-plated steel	Cadmium-plated steel	Aluminum alloys[2]	Cadmium-plated steel
Magnesium alloys[1]					
Cadmium-plated steel	Cadmium-plated steel	Cadmium-plated steel	Cadmium-plated steel	none	Cadmium-plated steel
Corrosion-resisting steel	Corrosion-resisting steel or cadmium-plated steel	Cadmium-plated steel	Corrosion-resisting steel	none	Cadmium-plated steel

[1]Avoid connecting copper to magnesium.
[2]Use washers with a conductive finish treated to prevent corrosion, such as AN960JD10L.

그림 6.52 본딩과 접지 연결 시 볼트와 너트 재질 규격

04 스플라이스(splice) 작업

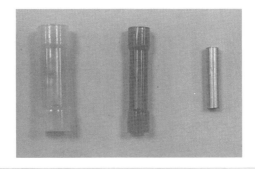

그림 6.53 여러 종류의 스플라이스

스플라이스는 도선과 도선을 연결하는 데 필요한 전자 부품으로 모습은 그림 6.53과 같다. 스플라이스의 작업 순서는 다음과 같다.

① 그림 6.54 (a)와 같이 속이 빈 금속으로 된 원통(splice)을 준비한다. 스플라이스는 플라스틱으로 된 피복이 있는 형태와 없는 형태가 있다. 피복이 없는 형태의 스플라이스 는 ⑤의 추가 작업이 필요하다. 스플라이스의 내경과 도선 내선인 금속의 외경이 일치하 는 것을 준비한다. 만약 AWG14 도선이라면 AWG14에서 AWG16에서 사용 가능한 스플라이스를 준비한다.

② 연결하려는 도선의 피복을 와이어 스트리퍼(wire stripper)를 이용하여 벗긴다. 많이 사용하는 와이어 스트리퍼는 그림 6.55와 같이 수동과 반자동의 2가지 종류가 있고, 모양은 둘 다 가위에 반원의 홈이 있는 형태이다. 반원의 홈은 도선 내부의 금속선의 굵기에 따라 선택하면 된다. 수동은 조인 다음 잡아 당겨 피복을 벗겨내는 형태이고, 반자동은 도선을 잡은 후 손잡이를 누르면 도선의 잘라진 피복과 도선 사이를 벌려주어 피복을 벗기는 형태이다. 피복을 벗긴 도선(wire strip)의 길이는 반대편에도 똑같은 도선이 들어가야 하므로 스플라이스의 반 정도로 한다. 스플라이스는 선과 선을 연결하 는 전자 부품이므로 대부분 중간 부분이 표시되어 있다. 연선의 경우는 스플라이스에 넣을 때 일부의 도선이 벗어나는 것을 방지하기 위해 한 번 정도 꼬아준다. 너무 많이 꼬아주면(twist) 두께가 두꺼워진다.

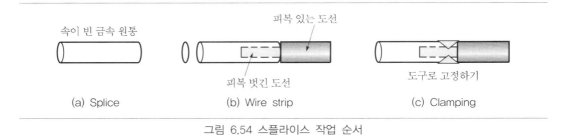

(a) Splice (b) Wire strip (c) Clamping

그림 6.54 스플라이스 작업 순서

그림 6.55 와이어 스트리퍼(좌 : 수동, 우 : 반자동)

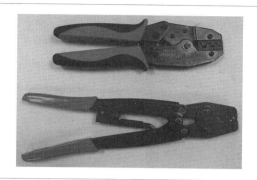

그림 6.56 클램핑 툴

③ 그림 6.54 (b)와 같이 스플라이스의 한 방향에 피복을 벗긴 도선을 넣고, 그림 6.54 (c)와 같이 클램핑 툴(clamping tool, 그림 6.56)을 이용하여 힘을 주어 누른다. 그러면 도선의 금속과 원통의 금속은 전기적으로 연결이 되고, 누름으로 인해 접촉면이 넓어져 기계적으로도 연결이 된다. 클램핑 툴은 홈이 정해져 있어서 일정한 부분까지 압력을 가하기(clamping) 쉽다.

④ 스플라이스의 반대편에는 연결하려는 도선을 ③과 같은 방법으로 연결한다. 연결하려는 두 도선과 스플라이스의 재질이 같아야 전기적인 손실을 줄일 수 있다.

⑤ 피복이 없는 스플라이스의 경우는 절연을 위해 스플라이스 위에 절연체를 씌워줘야 한다. 절연체로 흔히 사용되는 것이 열수축튜브(heat shrinkable tube)이다. 수축튜브는 열(125℃ 수준)을 가하면 수축되는 성질이 있어서 적당한 길이를 잘라서 스플라이스를 다 덮게 위치시킨 후 힛건(heat gun)은 이용해 열을 가해주면 수축이 되어 스플라이스에 고정되고, 이는 피복을 씌운 것과 같은 효과를 낸다. 그림 6.57은 수축튜브와 힛건의 모습이다. 힛건은 사용법이나 원리가 일반적으로 사용하는 드라이기와 같다. 하지만 조금 더 온도가 높다(300~500℃ 수준).

(a) 수축튜브

(b) 힛건

그림 6.57 수축튜브와 힛건

05 터미널(Terminal) 작업

그림 6.58 터미널

터미널은 도선과 도선 이외의 볼트나 커넥터에 전기적으로 연결하기 위해 사용하는 전자 부품으로 그림 6.58이 대표적이며 이 이외에도 다양한 모습이 있다. 예를 들어서 그림의 원형의 터미널을 볼트에 연결하려면 볼트를 완전히 분리해야지만 연결이 가능하다. 만약 U자형의 터미널을 사용하면 볼트를 완전히 분리하지 않아도 전기적으로 연결이 가능하다. 하지만 U자형은 볼트가 조금만 풀려도 전기적 연결이 끊어질 가능성이 있지만 원형은 볼트가 완전히 분리되지 않으면 전기적 연결이 풀리지 않는다. 그림 6.59와 같이 도선을 터미널에 연결하면 터미널과 전기적으로 연결되고 이 터미널을 금속 볼트를 이용하여 금속 케이스에 고정시키면, 도선부터 금속 케이스까지 전기적으로 연결된다. 이런 경우는 주로 접지 연결에 사용되고, 예전 세탁기나 에어컨 등의 가전제품의 접지선이 이런 방식으로 되어 있는 경우가 많았다. 그림 6.60과 같이 터미널 블록(terminal block)을 사용하면, 여러 선을 고정된 형태로 전기적으로 튼튼하게 연결시킬 때 사용할 수 있다.

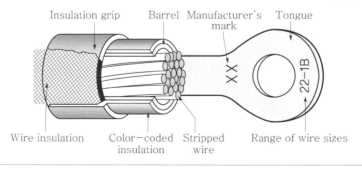

그림 6.59 터미널에 도선 연결한 모습

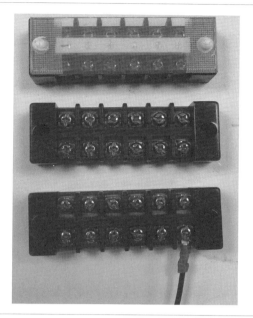

그림 6.60 터미널 블록과 커넥터에 터미널을 이용하여 연결한 모습

06 커넥터(connector)

미리 정해진 암수 형태의 구조물에 도선을 연결한 다음 연결과 분리가 편하게 만들어진 것을 커넥터라고 한다. 커넥터는 스플라이스나 터미널에 비해 부피가 크고 가격이 비싸다는 단점이 있지만, 탈부착이 가능하여 일상생활에서 널리 쓰이고 있다. 전원선, USB, 이어폰 등등 일상생활에서 전기적으로 연결할 수 있는 모든 구조물이 커넥터이다. 그림 6.61은 항공기에 사용된 커넥터의 사진이다.

그림 6.61 커넥터

07 정션박스(junction box)

그림 6.62 정션박스

정션박스는 그림 6.62처럼 여러 도선이 복잡하게 연결되어야 할 때 금속박스에 커넥터를 미리 달아 놓고 그 커넥터들 사이의 연결을 미리 배선을 해 놓아 여러 방향에서 커넥터만 연결하면 미리 정해진 연결방식으로 서로 연결이 되게 만들어 놓은 박스이다. 이 박스는 안전을 위해 튼튼한 금속으로 제작하는 것이 보통이다.

3.4 실습 유의사항

① 실습 시는 항상 실습장 안전수칙을 인지하여야 한다.
② 실습전후에는 정리정돈을 철저히 한다.
③ 수공구나 힛건 사용 시에는 안전에 항상 유의한다.

3.5 실습순서

01 스플라이스 작업

① 굵기가 다른 여러 종류의 도선과 스플라이스, 와이어 스트리퍼, 클램핑 툴, 힛건, 수축튜브를 준비한다.
② 한 종류의 선 2개를 선택하여 스플라이스로 두 도선을 전기적으로 연결한다.
③ 플라스틱 절연체가 없는 스플라이스의 경우는 수축튜브를 이용해 절연시킨다.

02 터미널 작업

① 터미널 블록, 터미널, 도선, 와이어 스트리퍼, 클램핑 툴, 드라이버를 준비한다.

② 그림 6.54와 그림 6.59를 참조하여 도선에 터미널을 연결한다.

③ 터미널 블록 중 임의의 번호를 정한 다음에 그 번호에 터미널이 연결되게 선을 연결한다.

3.6 평가 항목

순번	평가 항목	상	중	하	비고
1	스플라이스 작업한 전선 도통 및 탈착 여부				
2	터미널 작업한 전선 도통시험				
3	작업 후 정리정돈				

와이어 번들 작업

4.1 실습목표

전선 다발을 정리하는 와이어번들 작업을 통해 항공기에서 도선 관련 정비 및 고장 수리를 할 수 있다.

4.2 실습재료

구분	종류	수량
전선 다발		조별 1개
니퍼		개인별 1개
초실		개인별 1m

4.3 사전 지식

01 전선의 장착과 배선

다수의 전선이 한 지점을 통과할 때는 편의성이나 안정성을 위해 묶음(bundle)을 해야 한다. 와이어 번들(wire bundle)은 일반적으로 전선이 75개 이하이거나 직경이 $1\frac{1}{2}$ ~2인치 이하가 되어야 한다. 물론 각각의 와이어 번들과 와이어 번들 안의 각 도선은 구별할 수 있게 식별 표시가 있어야 한다. 와이어 번들은 여유(slack)를 가져야 하므로 그림 6.63과 같이 일정간격으로 클램프(clamp)를 설치해 고정해야 한다. 손으로 눌렀을 경우 최대 0.5인치는 늘어나야 하지만, 하네스나 다른 부분에 영향을 주지 않으면 초과해도 문제는 없다.

자기나침반(magnetic compass) 또는 플럭스 밸브(flux valve)의 부근에 있는 배선, 3상 배전(three-phase distribution) 배선, 통신 배선은 표 6.3과 같이 꼬아주어야 오류 발생을 줄일 수 있다.

선과 선을 연결하는 스플라이스 작업(splicing)은 배선의 신뢰성과 전기·기계특성에 영향을 주지 않는 한 배선에 허용되지만, 최소로 유지되어야 하며 극심한 진동이 있는 장소에서는 완전히 피해야 한다. 하네스에 스플라이스를 사용하는 경우에는 그림 6.64와 같이 스플라이스에 공간적인 차이를 두는 스태거(stagger) 접속법을 사용해야 한다. 스플라이스는 플라스틱으로 절연된 스플라이스를 사용하던지, 금속이 노출되어 있으면 절연을 위해 수축튜브를 사용해야 한다. 스플라이스는 도선을 끝에서 12인치 이내는 사용하지 않는 것이 좋다.

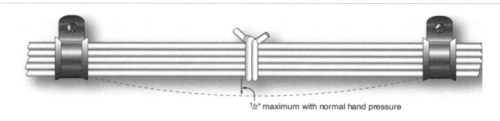

½" maximum with normal hand pressure

그림 6.63 도선 처짐의 기준

표 6.3 도선 번호에 따른 1피트당 권장 꼬임수

도선번호	22	20	18	16	14	12	10	8	6	4
2 Wire	10	10	9	8	7.5	7	6.5	6	5	4
3 Wire	10	10	8.5	7	6.5	6	5.5	5	4	3

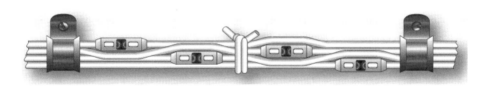

그림 6.64 스태거 접속법

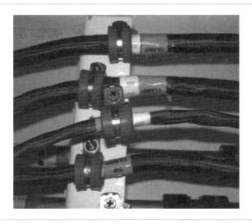

그림 6.65 하네스의 배치 간격

당연한 얘기지만 하네스는 외부 충격, 마찰, 고온, 용액, 유체로부터 보호되어야 한다. 그림 6.65는 2인치 간격으로 하네스를 배치한 것을, 그림 6.66은 유체의 흐름을 막도록 배치된 예이다.

그림 6.66 위치차를 이용한 전선 보호

클램프(clamp)는 그림 6.67과 같이 고정하기 위해 금속부분과 전선을 보호하기 위한 고무부분으로 되어 있다. 그림 6.68부터 그림 6.70는 클램프 고정 시 주의사항을 보여주고 있다. 그림 6.68은 고무부분 이외에 전선이 닿는 것을 방지하기 위한 클램프의 각도를 표시하는 내용이고, 그림 6.69는 클램프를 고정하는 방법, 그림 6.71은 고정부에 클램프를 고정하는 방법에 대한 설명이다.

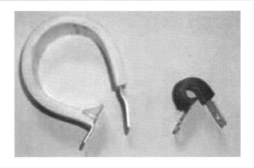

그림 6.67 클램프

클램프의 간격은 24인치를 넘지 않는 것이 좋다. 그림 6.71과 같이 격벽(bulkhead)에 있는 구멍을 통과하여 하네스가 지나갈 경우에는 구멍과 하네스의 간격이 최소한 3/8인치는 되어야 하고, 구멍은 그로밋(grommet, 보호 고리 철판을 관통하는 배선, 파이프 등의 손상을 방지하기 위해 관통 구멍에 끼우는 고무 제품의 보호 고리)을 장착해야 한다.

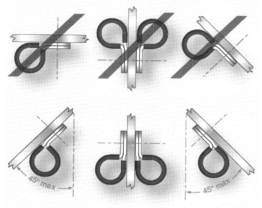

그림 6.68 클램프의 각도

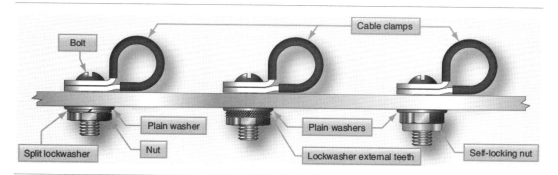

그림 6.69 클램프 고정 방법

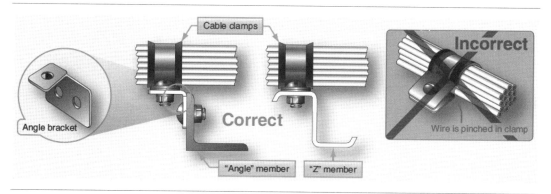

그림 6.70 클램프 지지방법

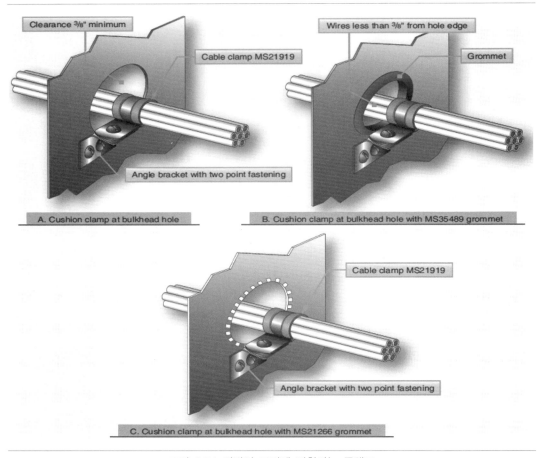

그림 6.71 격벽의 구멍에 장착하는 클램프

02 와이어 번들(wire bundle) 작업

와이어 번들 작업은 도선 다발을 묶어주는 작업을 의미한다. 단선식과 매기는 직경 1인치 이하 와이어 번들에 사용한다. 그림 6.72와 같이 단선식을 시작하기 위한 권장 매듭은 이중 고리식 외법 매듭(double-looped overhand knot)으로 고정된 감아 매기(clove hitch)이다.

그림 6.73의 복선식은 직경 1인치 이상의 와이어 번들에 사용한다. 복선식을 사용할 때 시작 매듭으로 두 겹 고정 매듭(bowline-on-a-bight)을 이용한다. 전선을 위한 지지대가 12인치 이상 떨어져 있는 곳에는 그림 6.74의 매기나 케이블 타이(cable tie)를 사용한다. 매기는 옭매듭(square knot)으로 고정하고, 와이어 번들을 감아매기로 마무리한다.

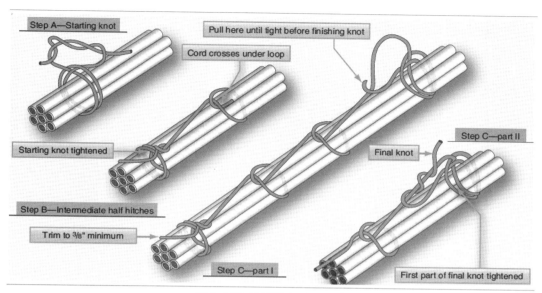

그림 6.72 단선식(single cord)

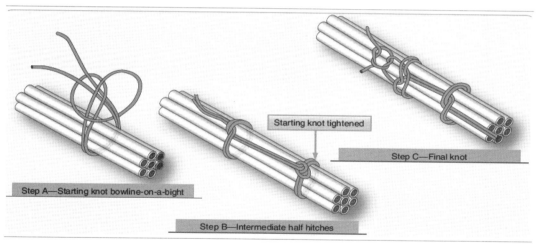

그림 6.73 복선식(double cord)

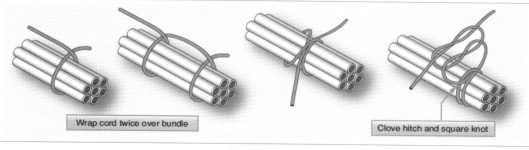

그림 6.74 매기(tying)

chapter 04 와이어 번들 작업 **235**

4.4 실습 유의사항

① 실습 시는 항상 실습장 안전수칙을 인지하여야 한다.
② 실습전후에는 정리정돈을 철저히 한다.
③ 수공구 사용 시에는 안전에 항상 유의한다.

4.5 실습순서

01 와이어 번들 작업

① 와이어 번들을 단선식으로 정리한다.
② 와이어 번들을 복선식으로 정리한다.

4.6 평가 항목

순번	평가 항목	상	중	하	비고
1	단선식 묶음				
2	복선식 묶음				
3	작업 후 정리정돈				

PART

07

부록

01 패턴용지

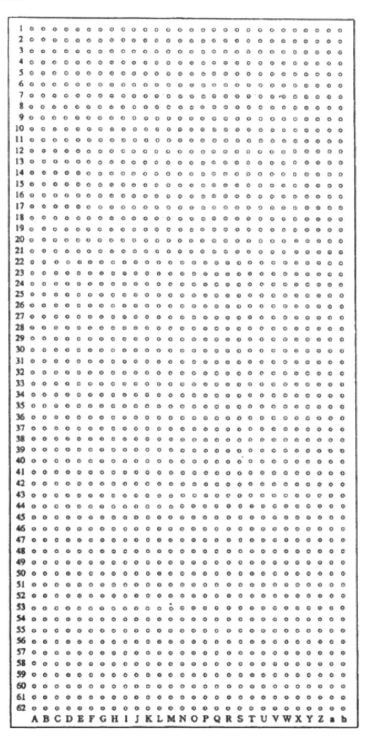

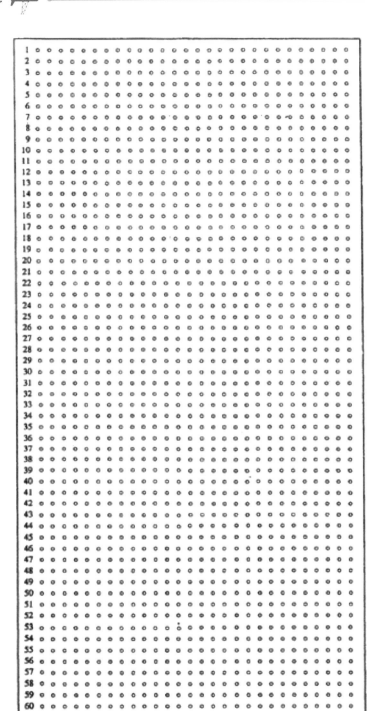

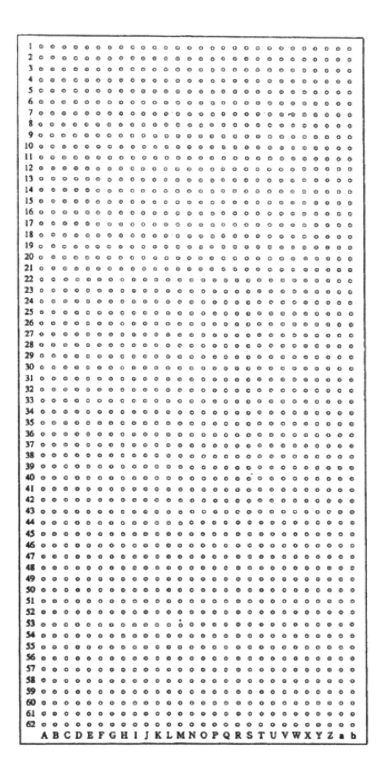

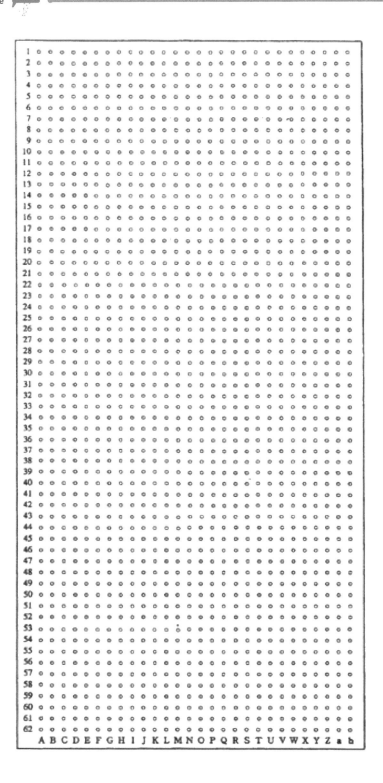

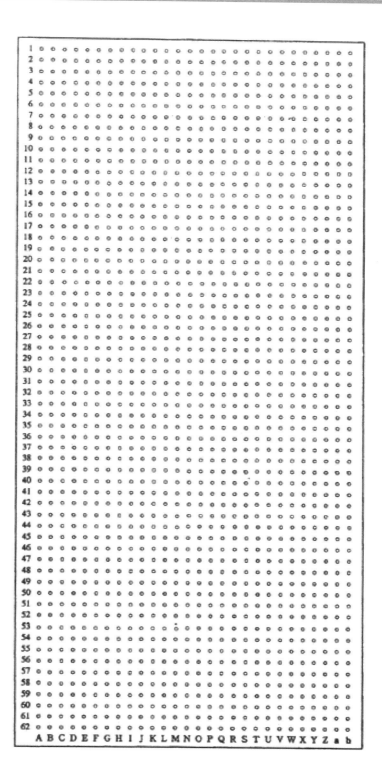

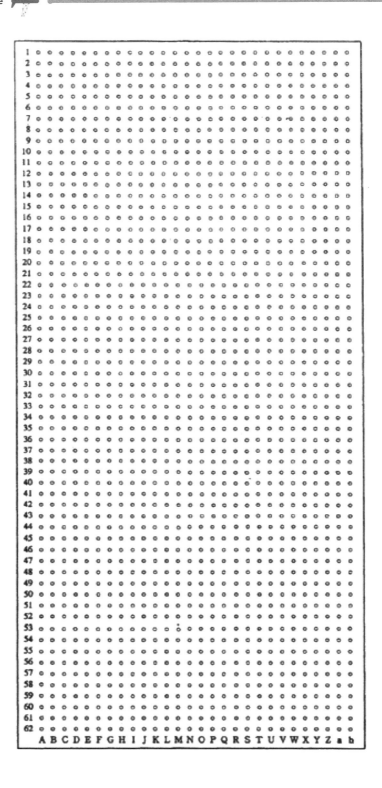

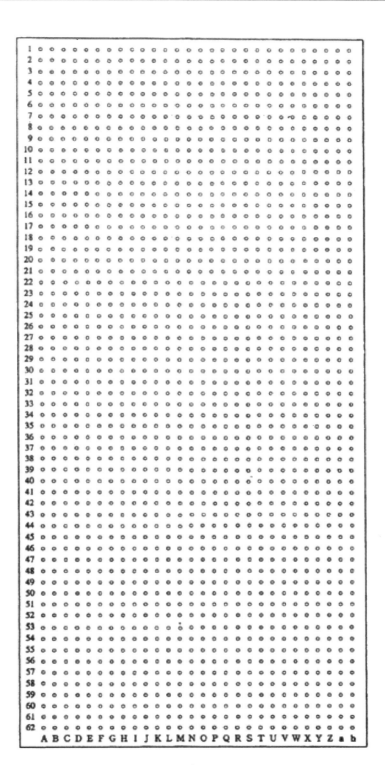

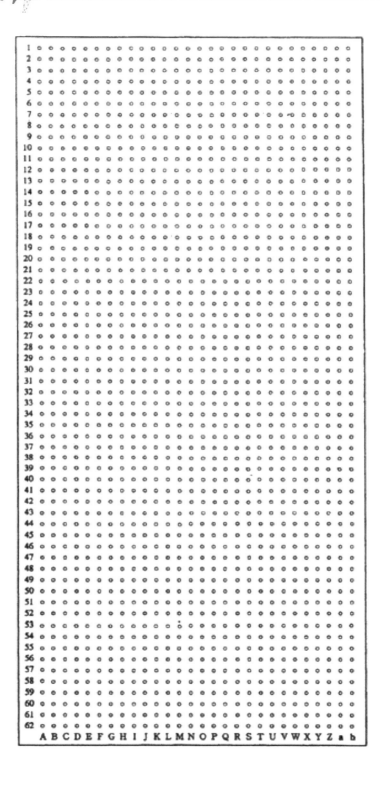

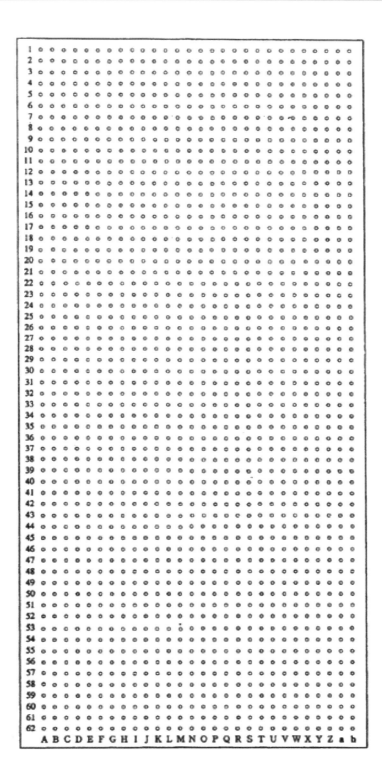

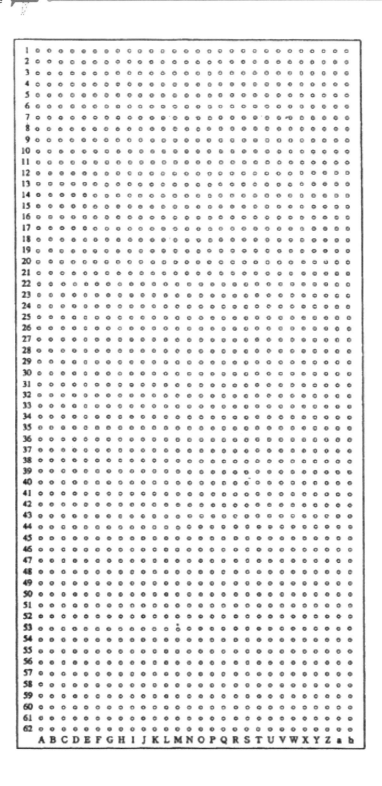

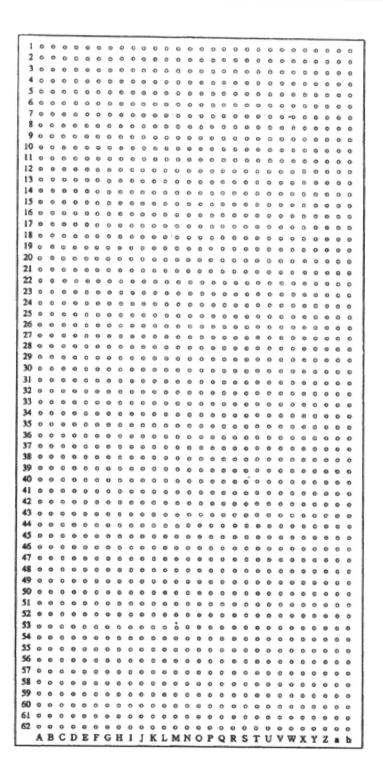

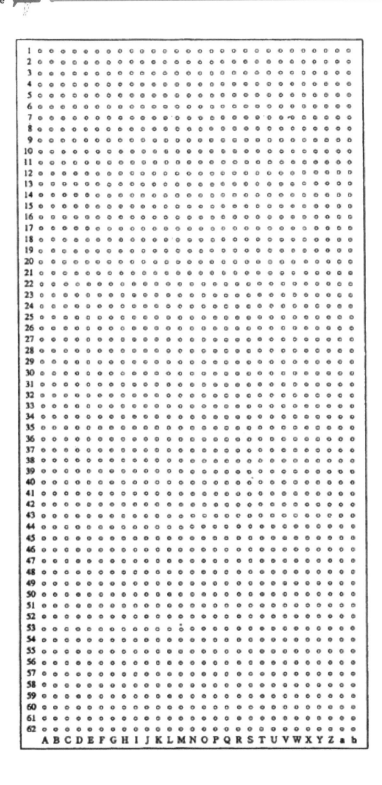

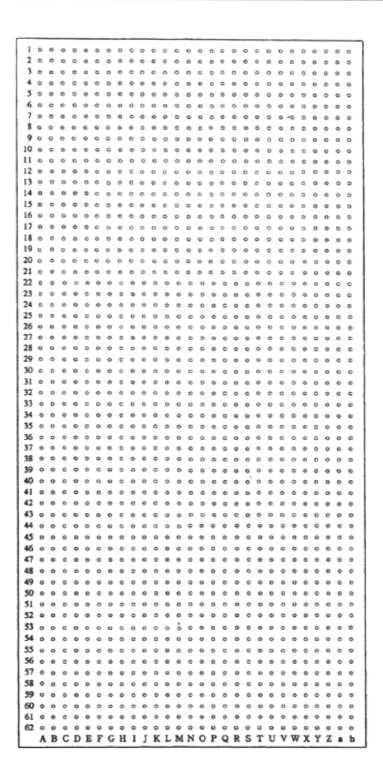

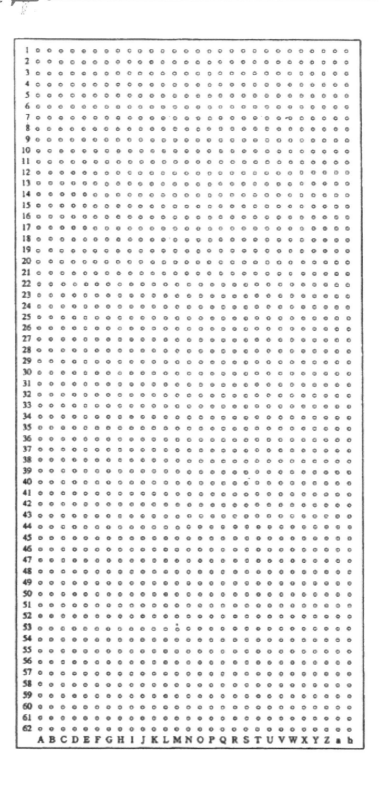

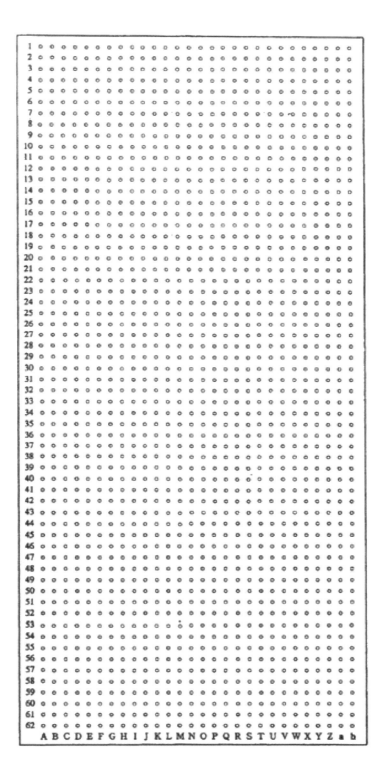

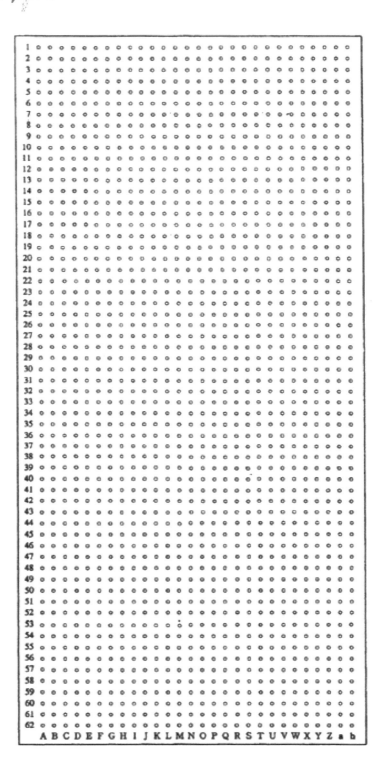

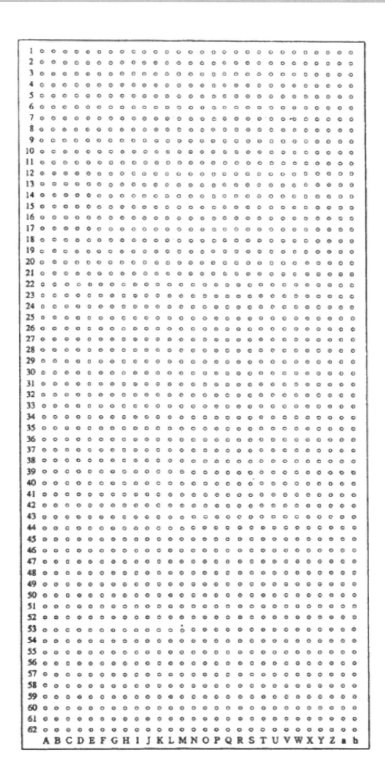

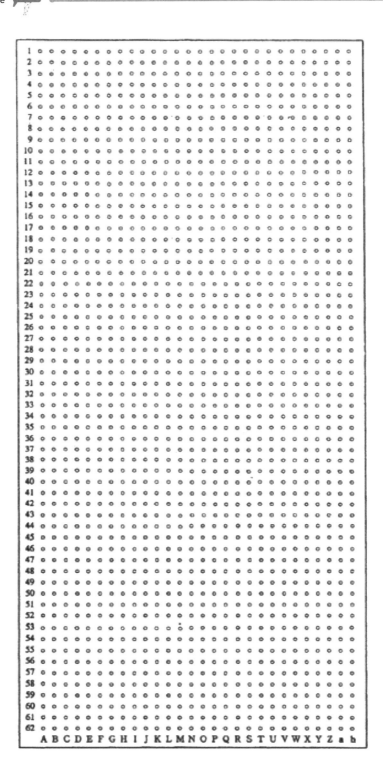

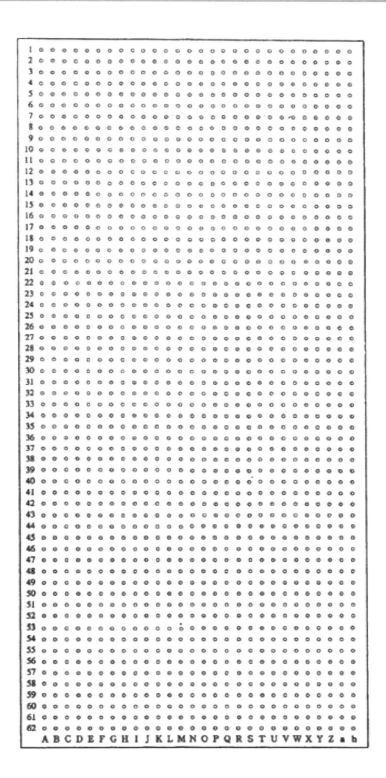

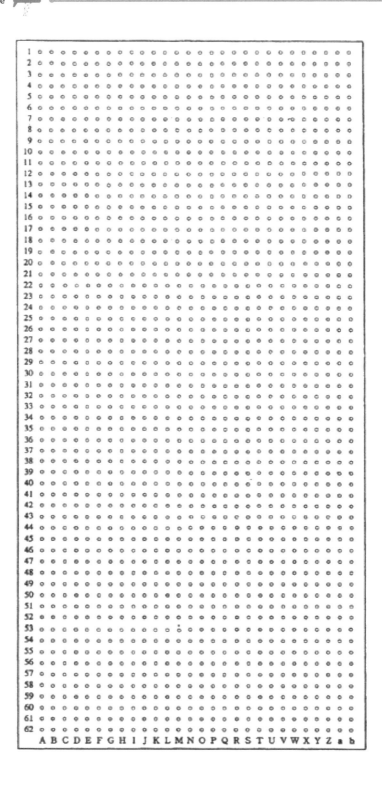

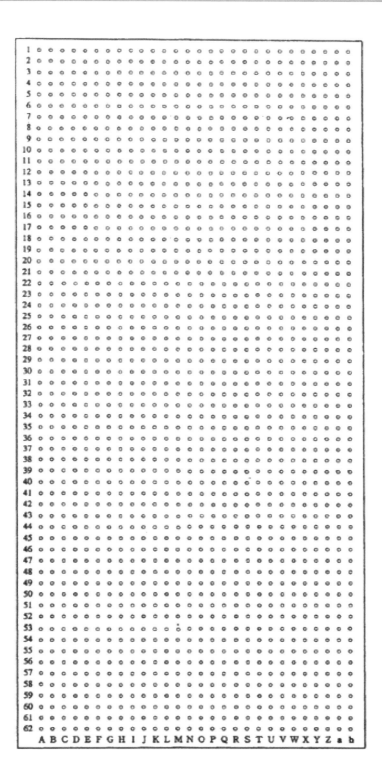

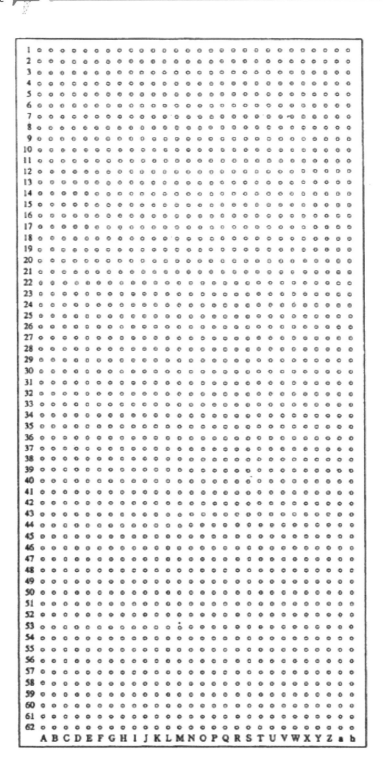

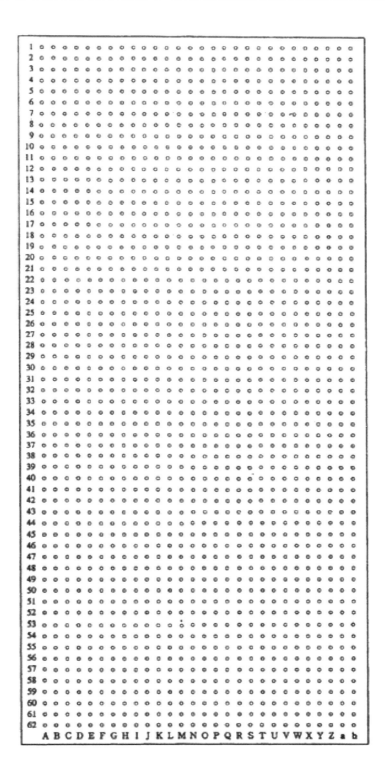

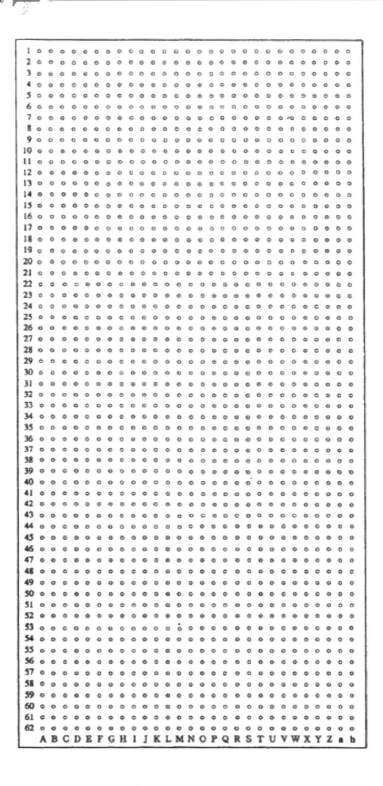

02 AWG(American Wire Gauge) 전선 규격표

AWG번호	직경[Inch]	직경[mm]	단면적[mm²]	저항[Ω/m]	허용전류[A]
4/0=0000	0.46	11.7	107(100)	0.000161	280~298
3/0=000	0.41	10.4	85	0.000203	240~257
2/0=00	0.365	9.26	67.4(60.0)	0.000256	223
1/0=0	0.325	8.25	53.5	0.000323	175~190
1	0.289	7.35	42.4(38.0)	0.000407	165
2	0.258	6.54	33.6	0.000513	130~139
3	0.229	5.83	26.7(22.0)	0.000647	125
4	0.204	5.19	21.1	0.000815	98~107
5	0.182	4.62	16.8(14.0)	0.00103	94
6	0.162	4.11	13.3	0.0013	72~81
7	0.144	3.66	10.5	0.00163	70
8	0.128	3.26	8.36(8.0)	0.00206	55~62
9	0.114	2.91	6.63	0.0026	55
10	0.102	2.59	5.26(5.5)	0.00328	40~48
11	0.0907	2.3	4.17	0.00413	38
12	0.0808	2.05	3.31(3.5)	0.00521	28~35
13	0.072	1.83	2.62	0.00657	28
14	0.0641	1.63	2.08(2.0)	0.00829	18~27
15	0.0571	1.45	1.65	0.0104	19
16	0.0508	1.29	1.31	0.0132	12~19
17	0.0453	1.15	1.04	0.0166	16
18	0.0403	1.02	0.823	0.021	7~16
19	0.0359	0.912	0.653	0.0264	5.5
20	0.032	0.812	0.518	0.0333	4.5

AWG번호	직경[Inch]	직경[mm]	단면적[mm^2]	저항[Ω/m]	허용전류[A]
21	0.0285	0.723	0.41	0.042	3.8
22	0.0253	0.644	0.326	0.053	3.0
23	0.0226	0.573	0.258	0.0668	2.2
24	0.0201	0.511	0.205	0.0842	0.588
25	0.0179	0.455	0.162	0.106	0.477
26	0.0159	0.405	0.129	0.134	0.378
27	0.0142	0.361	0.102	0.169	0.288
28	0.0126	0.321	0.081	0.213	0.250
29	0.0113	0.286	0.0642	0.268	0.212
30	0.01	0.255	0.0509	0.339	0.147
31	0.00893	0.227	0.0404	0.427	0.120
32	0.00795	0.202	0.032	0.538	0.093
33	0.00708	0.18	0.0254	0.679	0.075
34	0.00631	0.16	0.0201	0.856	0.060
35	0.00562	0.143	0.016	1.08	0.045
36	0.005	0.127	0.0127	1.36	0.040
37	0.00445	0.113	0.01	1.72	0.028
38	0.00397	0.101	0.00797	2.16	0.024
39	0.00353	0.0897	0.00632	2.73	0.019
40	0.00314	0.0799	0.00501	3.44	0.015

03 공학용 단위환산표

• 길이

단위	mm	cm	m	km	in	feet	yard	mile
mm	1	0.1	0.001	–	0.03937	–	–	–
cm	10	1	0.01	–	0.393701	0.032808	–	–
m	1000	100	1	0.001	39.3701	3.28084	1.09361	–
km	–	–	1000	1	–	3280.84	1093.61	0.621371
in	25.4	2.54	–	–	1	0.083333	0.027778	–
feet	304.8	30.48	0.3048	–	12	1	0.33333	–
yard	914.4	91.44	0.9144	0.000914	36	3	1	0.000568
mile	–	–	1609.344	1.609344	–	5280	1760	1

• 면적

단위	cm^2	m^2	km^2	in^2	ft^2	yd^2	acre	$mile^2$
cm^2	1	0.0001	–	0.155	0.001076	0.00012	–	–
m^2	10000	1	0.000001	1550	10.7639	1.19599	0.000247	–
km^2	–	1000000	1	–	–	–	247.105	0.386102
in^2	6.4516	0.000645	–	1	0.006944	0.000772	–	–
ft^2	929.03	0.092903	–	144	1	0.111111	0.00002	–
yd^2	8361.27	0.836127	–	1296	9	1	0.000207	–
acre	–	4046.86	0.004047	–	43560	4840	1	0.001562
$mile^2$	–	–	2.589987	–	–	–	640	1

• 중량

단위	kg	ton	lb	UK cwt	UK ton	US cwt	US ton
kg	1	0.001	2.20462	0.019684	0.000984	0.022046	0.001102
ton	1000	1	2204.62	19.6841	0.984207	22.0462	1.10231
lb	0.453592	0.000454	1	0.008929	0.000446	0.01	0.0005
UK cwt	50.8023	0.050802	112	1	0.05	1.12	0.056
UK ton	1016.05	1.01605	2240	20	1	2204	1.12
US cwt	45.3592	0.045359	100	0.892857	0.044643	1	
US ton	907.185	0.907185	2000	17.8571	0.892857	20	

• 부피 / 용량

단위	cm^3	m^3	ltrs	in^3	ft^3	yd^3
cm^3	1	–	0.001	0.061024	0.0000353	–
m^3	–	1	1000	61023.7	35.3147	1.30795
ltrs	1000	0.001	1	61.0237	0.035315	0.001308
in^3	16.3871	0.000016	0.016387	1	0.000579	0.0000214
ft^3	28316.8	0.028317	28.3168	1728	1	0.037037
yd^3	764555	0.764555	764.555	46656	27	1

• 부피 / 유속

단위	ltrs/sec	ltrs/h	m^3/sec	m^{3}h	cfm	ft^3/h
ltrs/sec	1	3600	0.001	3.6	2.118882	127.133
ltrs/h	0.000278	1	–	0.001	0.00588	0.035315
m^3/sec	1000	3600000	1	3600	2118.88	127133
m^{3}h	0.277778	1000	0.000278	1	0.588578	35.3147
cfm	0.471947	1699.017	0.000472	1.699017	1	60
ft^3/h	0.007866	28.3168	–	0.028317	0.016667	1

• 압력

단위	atmos	mmHg	bar	pascal	psi	kg/cm^2
atmos	1	760	1.0132	101325	14.6959	1.033
mmHg	0.0013158	1	0.001333	133.322	0.019337	0.00136
bar	0.9869	750.062	1	100000	14.504	0.01957
pascal	0.0000099	0.007501	0.00001	1	0.000145	0.00001
psi	0.068046	51.7149	0.068948	6894.76	1	0.07029
kg/cm^2	0.968	7835.72	0.9808	98088	14.226	1

$1kg/cm^2 = 10.33mH_2o$
$1Mpascal = 9.9kg/cm^2$

• 열

단위	Btu/h	w	kcal/h	kw
Btu/h	1	0.293017	0.251996	0.000293
w	3.41214	1	0.859845	0.001
kcal/h	3.96832	1.163	1	0.001163
kw	3462.14	1000	589.845	1

• 에너지

단위	Btu	Therm	J	KJ	cal
Btu	1	0.00001	1055.06	1.055	251.996
Therm	100000	1	–	105.5	25199.60
J	0.00094	–	1	0.001	0.2388
KJ	0.9478	9.478E–06	1000	1	238.85
cal	0.0039683	0.0039683x105	4.1868	–	1

• 인치(inch)와 밀리미터(mm) 환산

분수인치	소수인치	mm	분수인치	소수인치	mm	분수인치	소수인치	mm
1/64	0.015625	0.397	23/64	0.3594	9.13	45/64	0.703125	17.86
1/32	0.03125	0.79	3/8	0.375	9.52	23/32	0.71875	18.26
3/64	0.046875	1.19	25/64	0.390625	9.92	47/64	0.734375	18.65
1/16	0.0625	1.59	13/32	0.40625	10.32	3/4	0.75	19.05
5/64	0.078125	1.98	0.421875	0.421875	10.72	49/64	0.765625	19.45
3/32	0.09375	2.38	7/16	0.4375	11.11	25/32	0.78125	19.84
7/64	0.109375	2.77	29/64	0.453125	11.51	51/64	0.796875	20.24
1/8	0.125	3.17	15/32	0.46875	11.91	13/16	0.8125	20.64
9/64	0.140625	3.57	31/64	0.484375	12.3	53/64	0.828125	21.03
5/32	0.15625	3.97	1/2	0.5	12.7	27/32	0.841375	21.43
11/64	0.171875	4.37	33/64	0.515625	13.1	55/64	0.859375	21.83
3/16	0.1875	4.76	17/32	0.53125	13.49	7/8	0.875	22.22
13/64	0.208125	5.16	35/64	0.546875	13.89	57/64	0.890625	22.62
7/32	0.21875	5.56	9/16	0.5627	14.29	29/32	0.90625	23.02
15/64	0.234375	5.95	37/64	0.578125	14.68	59/64	0.921875	23.41
1/4	0.25	6.35	19/32	0.59375	15.08	15/16	0.9375	23.81
17/64	0.265625	6.75	39/64	0.609375	15.48	61/64	0.953125	24.21
9/32	0.28125	7.14	5/8	0.625	15.87	31/32	0.96875	24.61
19/64	0.296875	7.54	41/64	0.640625	16.27	63/64	0.984375	25.00
5/16	0.3125	7.94	21/32	0.65625	16.7	1	1	25.4001
21/64	0.328125	8.33	43/64	0.671875	17.06			
11/32	0.34375	8.73	11/16	0.6875	17.46			

• 온도 변환(temperature conversion formulas)

℃ to ℉	℉ to ℃
(℃ × 9/5) + 32 = ℉	(℉ − 32) × 5/9 = ℃

Index | 찾아보기

ㅇ

ㅈ

항공인을 위한

항공전자실습

2018. 2. 9. 초 판 1쇄 인쇄
2018. 2. 19. 초 판 1쇄 발행

지은이 | 강신구, 이정헌, 조은태
펴낸이 | 이종춘
펴낸곳 | BM 주식회사 성안당
주소 | 04032 서울시 마포구 양화로 127 첨단빌딩 5층(출판기획, R&D 센터)
      | 10881 경기도 파주시 문발로 112 출판문화정보산업단지(제작 및 물류)
전화 | 02) 3142-0036
      | 031) 950-6300
팩스 | 031) 955-0510
등록 | 1973. 2. 1. 제406-2005-000046호
출판사 홈페이지 | **www.cyber.co.kr**
ISBN | 978-89-315-3583-9 (93550)
정가 | 20,000원

이 책을 만든 사람들

책임 | 최옥현
진행 | 이희영
교정·교열 | 심성보
전산편집 | J디자인
표지 디자인 | 박원석
홍보 | 박연주
국제부 | 이선민, 조혜란, 김해영
마케팅 | 구본철, 차정욱, 나진호, 이동후, 강호묵
제작 | 김유석